U0253952

细粒脉石矿物
流变学效应对辉钼矿浮选的
影响机制及其调控方法

卜显忠　薛季玮　著

北 京

冶 金 工 业 出 版 社

2024

内 容 提 要

本书针对辉钼矿浮选体系，以辉钼矿及其常见伴生脉石矿物白云母、石英、绿泥石和钾长石等硅酸盐脉石矿物，以及无定形二氧化硅为研究对象，通过分析各硅酸盐脉石矿物的易磨程度、无定形二氧化硅含量及其嵌布特征，明确了细粒脉石矿物产生的原因；阐述了细粒脉石矿物对辉钼矿浮选行为及矿浆流变性的影响，明确了矿浆中矿物颗粒之间的相互作用与聚集分散行为；提出了改善辉钼矿浮选指标的流变学调控措施，以实现辉钼矿与脉石矿物的高效分选。

本书可供选矿领域的科研、生产人员等阅读，也可作为高等院校矿物加工工程等专业师生的参考书，尤其适用于矿物加工工程专业的研究生。

图书在版编目(CIP)数据

细粒脉石矿物流变学效应对辉钼矿浮选的影响机制及其调控方法/卜显忠，薛季玮著 . —北京：冶金工业出版社，2024.5
ISBN 978-7-5024-9853-5

Ⅰ.①细… Ⅱ.①卜… ②薛… Ⅲ.①辉钼矿—浮游选矿—研究 Ⅳ.①TD923

中国国家版本馆 CIP 数据核字（2024）第 086319 号

细粒脉石矿物流变学效应对辉钼矿浮选的影响机制及其调控方法

出版发行	冶金工业出版社	电　话	(010)64027926
地　址	北京市东城区嵩祝院北巷 39 号	邮　编	100009
网　址	www. mip1953. com	电子信箱	service@ mip1953. com

责任编辑　王梦梦　美术编辑　吕欣童　版式设计　郑小利
责任校对　王永欣　责任印制　窦　唯
北京印刷集团有限责任公司印刷
2024 年 5 月第 1 版，2024 年 5 月第 1 次印刷
710mm×1000mm　1/16；7.75 印张；130 千字；113 页
定价 **68.00** 元

投稿电话　（010）64027932　投稿信箱　tougao@cnmip. com. cn
营销中心电话　（010）64044283
冶金工业出版社天猫旗舰店　yjgycbs. tmall. com
（本书如有印装质量问题，本社营销中心负责退换）

前　言

钼是一种拥有巨大开采价值的战略性资源，被广泛应用于钢铁、石油、化工、电气与电子技术、医药和农业等多个领域。具有工业价值的钼矿物主要是辉钼矿，其次是钼钨钙矿、铁钼华、铅钼矿等。我国是全球最大的钼资源储量国，但钼矿普遍品位较低，嵌布粒度较细，脉石矿物种类多，主要为白云母、绿泥石、长石、石英等，且含量占比大。浮选是辉钼矿资源回收利用的主要方法之一。对于低品位钼矿，为了实现其高效回收利用，在浮选前往往需要通过细磨使矿物充分单体解离，而细磨会产生大量细粒矿物，会对目的矿物的浮选产生一定影响，进而使得目的矿物回收利用技术难度和成本增加。因此，在钼资源日趋贫细杂的局面下，实现辉钼矿与脉石矿物的高效选别，对于保证我国钼资源优势具有重要意义。

流变学是研究物体在外力作用下变形和流动的学科，其研究对象包括流体、软固体或在某些条件下可流动的固体。在矿物加工领域，矿浆流变特性会对矿浆的输送、磨矿、脱水等产生显著影响。实际上，在浮选过程中，矿物颗粒粒度与表面性质的差异也会导致矿浆黏度、屈服应力和黏弹性等矿浆流变性发生变化，因此矿浆流变性也会对目的矿物的浮选指标产生较大影响。目前关于辉钼矿浮选的研究主要集中在新型捕收剂和伴生脉石矿物抑制剂的开发与应用上，关于脉石矿物对辉钼矿浮选过程中矿浆流变性的影响研究较少。基于此，本书以辉钼矿及其常见伴生脉石矿物白云母、绿泥石、钾长石和石英等硅酸盐脉石矿物，以及无定形二氧化硅为研究对象，通过对各硅酸盐脉石矿物的易磨程度、无定形二氧化硅含量及其嵌布特征进行分析，明确细粒脉石矿物产生的原因；在此基础上，研究细粒脉石矿物对辉钼矿浮选行为及矿浆流变性的影响，明确矿浆中矿物颗粒之间的相互作用与聚集分散行为；采用物理方法和化学方法调节矿浆流变性，明确各改善措施对钼浮选指标的影响机制。本书内容丰富了辉钼矿浮选理论体系，对指导辉钼矿资源高效回收利用具有重要的理论和实际意义。

　　本书可供从事辉钼矿选矿的工程技术人员及高校矿物加工工程专业师生等参考，尤其适用于矿物加工工程专业的研究生。

　　本书 1~4 章由西安建筑科技大学卜显忠撰写，5~6 章由西安建筑科技大学薛季玮撰写，卜显忠对全书进行了统稿。本书涉及的研究内容得到了国家自然科学基金项目（52074206、52374278、52104266）的资助，在此表示感谢。研究生涂华臻、孙健、李奕霖、李广帅为本书所涉及实验的开展做出了重要贡献，在此表示感谢。同时，本书撰写过程中参考引用了矿物加工领域部分专家学者的著作和学术论文等文献资料，在此向这些文献资料的作者表示由衷的感谢。

　　由于作者水平所限，书中不足之处，敬请读者批评指正。

作　者
2024 年 2 月

目　　录

1 绪　　论

1.1　辉钼矿资源特点及其利用现状

1.1.1　钼矿资源储量与分布

钼，原子序数 42，元素符号 Mo，相对原子质量 95.94，是一种银白色的难熔金属，熔点为 2615 ℃，密度为 10.2 g/cm³。1778 年，瑞典化学家舍勒发现辉钼矿可能是一种未知金属元素的硫化物。1782 年，瑞典化学家耶尔姆从辉钼矿中分离出钼。钼在地壳中的含量为 0.00015%，居第 53 位。具有工业价值的钼矿物主要是辉钼矿，其次是钼钨钙矿、铁钼华、铅钼矿等。

钼被广泛应用于钢铁、石油、化工、电气与电子技术等领域，在医药和农业等领域也发挥着不小的作用，是一种拥有巨大开采价值的战略性资源。世界钼资源储量丰富，但分布却极不均衡，据美国地质调查局（USGS）统计数据，2022年全球钼资源总储量为 1200 万吨。从空间分布上看，全球钼矿资源大多集中在南北美洲、亚洲的中国和独联体国家，其次是东欧，而非洲、大洋洲和大多数亚洲国家钼资源很少。全球钼储量主要分布在中国、美国、秘鲁、智利和俄罗斯。其中，我国钼资源储量为 370 万吨，占全球总储量的 30.8%；美国 270 万吨，占全球总储量的 22.5%；秘鲁 240 万吨，占全球总储量的 20.0%。其后依次为智利、俄罗斯、土耳其等国（见图 1.1）。排名前 6 位国家的钼资源储量总和占全球总量的 91.6%[1-2]。

我国是全球最大的钼储量国，主要分布在河南、内蒙古、西藏、黑龙江和吉林等地。2022 年，全国钼储量分布比例为河南 21.38%、内蒙古 18.51%、西藏 17.49%、黑龙江 11.16%、吉林 9.88%。这五省、自治区合计钼储量占全国钼总量的 78.42%。在资源品质方面，我国钼资源主要以硫化矿为主，约占全国钼矿资源的 78%，与铜、钨、锡伴生的钼储量占总储量的 22%。而国外 60%以上的钼矿来自铜的副产品。在原生矿品位方面，我国的原生钼矿品位较美国、

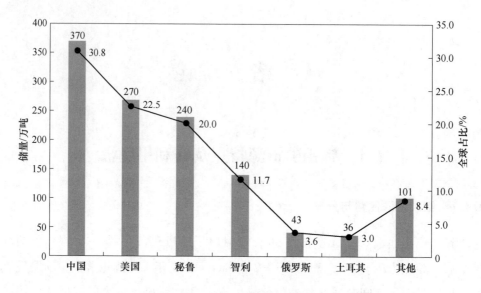

图 1.1   2022 年全球主要钼资源国储量及占比情况

智利等产钼大国显著偏低。我国 95% 的原生钼矿品位在 0.1% 以下，程永彪等人[3]通过工艺矿物学研究发现鹿鸣钼矿矿石中钼品位为 0.108%，伴生有铜、铅、锌、金、银等其他有价元素，且含有大量脉石矿物，脉石矿物以长石、石英为主，其次主要为方解石、白云母、绢云母、伊利石、高岭石等，还有少量的榍石、磷灰石。据报道[4]，河南栾川石宝沟矿区辉钼矿含量（质量分数）为 0.5% ~ 5.0%，脉石矿物含量（质量分数）占 92% ~ 99%，相应脉石矿物主要由石英、斜长石、钾长石、透闪石、石榴子石和透辉石等组成。由此可见，我国钼矿脉石矿物含量占比大，种类繁多，会对矿物浮选产生较大影响。

1.1.2   钼矿浮选工艺研究现状

1.1.2.1   单一钼矿选矿工艺

单一钼矿选矿工艺流程包括破碎和磨矿、矿石浸矿、浮选、浮选泡沫收集和处理、脱泡沫及脱泡沫后处理等步骤。就大多数单一钼矿而言，典型的选矿工艺是粗磨粗选—再磨再选，单一钼矿的多段再磨—多次精选工艺是一种针对难选矿石的处理方法，包括多段磨矿和多次精选。首先，通过多段磨矿，将矿石细化至适合浮选的粒度；然后进行多次精选，通过多次浮选和回收，逐步提高钼矿的品位，降低杂质含量，最终得到较高品位的钼精矿。这种工艺能够有效提高钼矿的回收率和品位，适用于含有多种杂质或难选矿石的原矿。粗磨粗选的理论基础是辉钼矿天然可浮性较好，在烃油存在下就可良好地上浮。虽然辉钼矿易浮，但钼矿石中钼含量（质量分数）很低，一般不到 0.5%，且辉钼矿质软，易泥化，因此适宜采用阶段磨矿，对粗磨—粗选所产生的含有大量连生体的粗精矿进行再磨，使之充分解离，再进行精选。而钼精矿质量要求很高，钼品位需达 45% 以上，所以辉钼矿选矿富集比超过 400，就要求采用多次精选，因此对于单一钼矿选别一般采用多段再磨—多次精选工艺[5]。

1.1.2.2 铜钼分离选矿工艺

铜钼矿石是钼的主要来源之一，铜钼矿石中回收的钼占世界钼总产量的 48%，从铜钼矿石中回收辉钼矿，比从以辉钼矿为主的矿石中回收钼更难，流程更复杂，铜钼矿浮选工艺主要包括：混合浮选、优先浮选和等可浮选[6]。

混合浮选工艺是先将铜钼矿物通过浮选去除脉石矿物和其他杂质获得铜钼混合精矿，然后通过添加抑制剂或其他方法进行"抑钼浮铜"或"抑铜浮钼"进行铜钼分离，最终获得铜精矿与钼精矿。该工艺具有操作简单、经济效益高等优点，被绝大多数铜钼选厂使用。该浮选方法适用于低品位矿物，并且可以获得较高的回收率；但是该方法会使混合精矿中有药剂残留，需要进行脱药处理。

优先浮选是指优先浮选其中一种矿物，然后再活化并浮选另一种矿物，此流程适用于分离低品位的铜钼矿。优先浮选工艺分为"抑铜浮钼"和"抑钼浮铜"两种工艺，由于辉钼矿的可浮性比黄铜矿要好，绝大多数铜钼选厂采用的都是"抑铜浮钼"工艺。该工艺具有药剂添加点少、精矿不需再磨、流程更简单、可以获得单一精矿等优点，但是由于铜或钼被抑制后很难活化，被抑制矿物的回收率会较低，因而此流程在工业上的应用较少。

等可浮工艺是先浮选出可浮性好的钼精矿与一部分可浮性好的铜精矿，后对泡沫产品进行铜钼分离与粗尾矿回收铜，即可得到铜精矿与钼精矿。此工艺流程一般是在碱性条件下进行，常加入氧化钙用来调整 pH 值，而氧化钙会抑制钼矿物，因此不利于钼矿的回收。等可浮选工艺可以减少药剂的使用及对后续试验的影响，获得的精矿中铜钼品位和回收率都较高，但是该工艺操作流程复杂、成本高，实际应用应视矿石性质而定。

铜钼分离选矿的三种工艺主要差异在于浮选方面，而磨矿方面与单一辉钼选别差别不大，大多数都需要对粗精矿进行再磨以达到较高的辉钼矿解离度，从而更好地回收辉钼矿，而再磨工艺也是钼矿浮选细度偏细的原因之一。

1.1.3 辉钼矿浮选药剂研究现状

1.1.3.1 捕收剂

辉钼矿受外力例如磨矿时残余键断裂，解离为强疏水的硫原子网面，决定了辉钼矿天然可浮性很好。但也同时由于共价键的断裂，出现了垂直解理面，有钼原子暴露出来，垂直解理面疏水性较强。因此，根据捕收剂与辉钼矿作用方式的不同，选钼捕收剂主要可分为与辉钼矿颗粒垂直解理面作用的烃油类捕收剂、与辉钼矿颗粒平行解理面作用的极性捕收剂及与两种解理面都作用的复配捕收剂[7]。

鉴于辉钼矿的晶格特点，棱边占其表面积比例极小，疏水的解理面起主导作用，因此非极性的烃类捕收剂是辉钼矿的良好捕收剂。煤油作为辉钼矿的捕收剂已使用近百年，由于其碳链相对较短，弥散能力较强，选钼性能理想，在国内外钼矿选别中得到了广泛应用，尤其是在我国，多数选厂使用煤油作为钼矿捕收剂[8]。煤油含有较多的芳烃和烯烃，其溶解性较好，起泡性随着芳烃含量的增加而增加，但煤油捕收剂加药量较大时，泡沫就难以形成，不利于浮选。近年来，随着社会进步，煤油的需求逐年下降，大多数炼油厂不再生产煤油，煤油市场价格不断上涨，购买困难，使用新型捕收剂替代煤油进行钼矿选别已成为必然选择。为了使辉钼矿能够得到更充分的回收与利用，获得更好的选钼生产指标，许多选钼工作者投入到新型脂肪烃类选钼捕收剂的研发工作中，先后涌现出多种新型烃油类选钼捕收剂。例如张卫星等人[9]采用新型烃油类捕收剂 CYSM-2 替代煤油，取得了更好的钼矿浮选指标，相较于煤油，CYSM-2 提高了 4.99 个百分点的回收率和 2.78 个百分点的选矿效率。

辉钼矿除有分子键断裂形成的低表面能的"面"外，还有离子键、共价键断裂形成的高表面能的"棱"。极性的硫代化合物可以很好吸附在辉钼矿"棱"即平行解离面上。其中，黄药、黑药多与烃油组合使用。还有一些新型硫化捕收剂，捕收效果要强于传统硫化捕收剂[10]。

为改善辉钼矿选别效果，在加入烃油类捕收剂时再加入少量的极性捕收剂，可以吸附在辉钼矿的"棱"上，再结合烃油类捕收剂在辉钼矿"面"上的吸附，就能够有效增强捕收能力，从而显著提高辉钼矿回收率，因此出现了多种混合类选钼捕收剂。宛鹤等人[11]采用脂肪烃类捕收剂中添加适量稠环芳烃的方法获得了一种新型复合捕收剂 LXM-2，改善了高钙回水中辉钼矿的浮选效果，在保证钼精矿品位变化不大的情况下，提高了 3% 的钼精矿回收率。刘润清等人[12]将煤油与中性油以 1∶1 的配比制得一种复合捕收剂，取得了钼精矿品位为 45.20%，回收率为 83.04% 的良好钼矿浮选指标，与原捕收剂煤油相比，钼精矿回收率提高了 4.31 个百分点。此外，通过物理或化学方法对药剂进行改性也能够强化选钼捕收剂的捕收性能。例如对烃油进行机械或化学乳化后，可使其在矿浆中弥散性能增强，增大与矿物颗粒的碰撞概率，改善浮选效果[13]。

　　总的来说，烃油类捕收剂、极性捕收剂、复配捕收剂等捕收剂种类会对辉钼矿浮选产生较大影响。传统的煤油作为捕收剂在辉钼矿浮选中应用广泛，但随着煤油市场价格上涨和供应减少，新型烃油类捕收剂的研发和应用成为趋势。新型烃油类捕收剂具有更好的浮选指标，如 CYSM-2 相较于煤油提高了回收率和选矿效率。此外，极性的硫代化合物和混合类选钼捕收剂也被开发出来，以提高辉钼矿的回收率和选别效果。对捕收剂进行改性，如机械或化学乳化，也能够增强其在矿浆中的弥散性能，改善浮选效果。因此，新型捕收剂的研发和应用对提高辉钼矿的回收率和选别效果具有重要意义。

1.1.3.2　抑制剂

　　辉钼矿除了极少数以单一矿床存在，其他大部分与硫化矿物共生，尤其是硫化铜矿物。由于辉钼矿可浮性较好，铜钼分离一般采用抑铜浮钼的方法。因此辉钼矿抑制剂的研究主要集中在对黄铜矿的抑制上。

　　黄铜矿抑制剂分为无机抑制剂和有机抑制剂。无机抑制剂包括硫化钠类抑制剂、氰化物类抑制剂和诺克斯类抑制剂等，有机抑制剂主要有巯基类化合物、硫脲类化合物、羧酸类化合物等。无机抑制剂中的硫化钠类抑制剂，如硫化钠（Na_2S）或硫氢化钠（$NaHS$），其作用机理主要是水解产生的 HS^- 在黄铜矿表面的吸附抑制和在黄铜矿表面生成难溶的亲水化合物[14]。无机抑制剂中还有硫酸盐类，如硫代硫酸钠、亚硫酸钠等。硫代硫酸钠（$Na_2S_2O_3$）是一种常见的硫代硫酸盐，具有强还原性，与金属离子有较好的反应活性。$S_2O_3^{2-}$ 可以物理吸附在黄铜矿表面，显著降低其表面电位和疏水性；当矿浆中存在 Cu^{2+} 时，部分 Cu^{2+} 会与 $S_2O_3^{2-}$ 配合形成多种不稳定的亲水化合物，这些化合物会覆盖在黄铜矿表面并逐渐分解形成不溶性的 CuS 膜，对黄铜矿进行包裹，增强对黄铜矿的抑制。亚硫酸钠（Na_2SO_3）是一种危险、腐蚀性强且有毒的试剂。与 Na_2S 相同，需要在特定条件下（碱性条件）使用，以防止有毒气体（H_2S）的形成。Na_2SO_3 的加入抑制了巯基类等极性捕收剂的水解电离，减少了捕收剂在黄铜矿表面的吸附，同时经 Na_2SO_3 处理后的黄铜矿表面覆盖了 CuO、$Cu(OH)_2$、FeOOH 和 $Fe_2(SO_4)_3$ 等一系列亲水物质，抑制了黄铜矿的上浮；辉钼矿表面并没有类似物质生成，仍保持较好的疏水性，且 Na_2SO_3 并不会影响非极性烃油类对矿物的捕收效果，因此辉钼矿能被煤油较好地捕收上浮。另外，游离类氰化物氰化钠是黄铜矿常用的抑制剂，氰化钠有很好的选择性抑制黄铜矿的能力，氰化钠在水中溶解产生的氰根离子（CN^-）可以自发地吸附在黄铜矿表面，并与黄铜矿表面的 Fe、Cu 原子作用形成铁/铜-氰配合物，这是黄铜矿受到抑制的主要原因。除此之外，CN^- 会改变矿物表面电位，降低黄铜矿表面电化学活性，阻碍黄原酸盐在黄铜矿表面的吸附和氧化，防止黄铜矿被捕收上浮。

总的来说，无机抑制剂的使用存在着许多诸如价格、环境污染等方面的问题，因此，在铜钼分离方面对有机抑制剂的研究更为热门。有机抑制剂主要通过官能团的取代作用增强黄铜矿表面的亲水性从而达到抑铜的效果。

黄铜矿的有机抑制剂一般包括巯基类抑制剂、硫脲类抑制剂、羧酸类抑制剂、聚合物类抑制剂等。对于巯基类抑制剂，目前抑制黄铜矿常用的巯基类试剂主要有巯基乙酸（TGA）、硫代乳酸（TLA）、2,3-二巯基丁二酸和硫普罗宁等。TGA 是最简单的巯基羧酸（HS—R—COOH），主要利用—SH 的亲固特性和还原性与黄铜矿进行作用。目前抑制黄铜矿常用的硫脲类试剂主要有 2-硫脲嘧啶和 N-硫脲-马来酸（TMA）等。2-硫脲嘧啶是一种药物中间体，其含有的 N 和 S 供体原子，能够在质子化或中性状态下与过渡金属配位。目前，抑制黄铜矿常用的羧酸类试剂主要有罗丹宁-3-乙酸（3-Rd）、羧甲基三硫代二钠（DCMT）和双（羧甲基）三硫代碳酸二钠（DBT）等。抑制黄铜矿常用的生物类试剂主要有壳聚糖、海藻酸钠等。

巯基类化合物对黄铜矿的抑制效果要优于硫化钠类抑制剂，且不会产生 H_2S 气体，但其复杂的生产工艺和较高的生产成本限制了其在工业生产中的使用。硫脲类抑制剂虽然对黄铜矿有很好的选择作用，但对水体有害，同时对人体有潜在的致癌性，易受氧化分解产生一氧化碳、氮氧化物等物质，对大气环境造成污染，在使用过程中必须注意安全。

新型抑制剂的开发一直是钼矿行业的一个热点。王秋焕等人[15]进行了新型铜钼分离抑制剂 MX 代替氰化物的试验研究，结果表明抑制剂 MX 不仅可以代替氰化物，而且还取得了更好的辉钼矿回收效果，使得粗钼精矿品位提高 4.32 个百分点，回收率提高 1.87 个百分点。关智文等人[16]开发了黄腐酸作为新型辉钼矿抑制剂，并通过单矿物及人工混合矿浮选试验证明了黄腐酸对辉钼矿与黄铜矿的高效分离效果。焦跃旭等人[17]开发了新型辉钼矿抑制剂瓜尔豆胶，其不仅环保、价格低廉，并且通过试验证明了它在广泛 pH 值范围内均能对辉钼矿起到良好的抑制效果，实现辉钼矿与黄铜矿的高效分离。

总的来说，辉钼矿通常与硫化矿物共生，尤其是硫化铜矿物。由于辉钼矿可浮性好，铜钼分离通常采用抑制黄铜矿的方法。抑制剂主要分为无机和有机两种，有机抑制剂因其环保和效果好而备受关注。新型抑制剂如 MX、黄腐酸和瓜尔豆胶，可有效提高辉钼矿的品位和回收率，实现了辉钼矿与黄铜矿的高效分离。所以，新型抑制剂的开发是未来提高钼矿选别效果的一个重要方向。

1.1.4　细粒辉钼矿的产生及其对浮选的影响

近年来，随着我国经济建设的发展，城市基础设施建设规模稳步增加。一方面，对钼矿的需求量不断增长，导致钼矿石的产量逐年增加；另一方面，随着矿产资源的不断开发，大量高品位易选钼矿被开采，富矿和易处理钼矿资源日趋减少，开发难度越来越大，直接导致现阶段可利用的钼矿资源趋于"贫、细、杂"。为了更好地实现钼矿的回收，需要通过细磨使矿物充分单体解离。然而细磨会使得矿物中细粒含量增多，对矿物浮选产生影响。

细粒矿物的存在往往会造成矿物浮选效果差，其主要体现在以下几个方面[18]：

（1）体积小、质量小造成了微细矿粒在浮选矿浆中的动量小，与气泡的碰撞概率低，难以克服矿粒与气泡之间的能垒而无法黏附于气泡表面，浮选回收率低。

（2）细粒矿物比表面积大、表面能高，容易造成脉石矿粒与有用矿粒之间的非选择性团聚，影响浮选的选择性，不利于浮选。

（3）微细颗粒改变了矿浆的流变性，导致浮选矿浆黏度高、气泡过度稳定和浮选选择性低等不可控现象。

（4）由于细粒矿物的粒度小、比表面积大，因此在矿浆中的溶解度更大，产生的难免离子更多，难免离子可能与捕收剂发生竞争吸附或沉淀捕收剂，影响药剂与矿物之间的作用，进而影响矿物的浮选。

细粒矿物的这些特点严重影响了细粒矿物资源的回收，造成了大量资源浪费，形成了巨大的经济损失。此外，随着矿粒尺寸的减小，矿物颗粒的比表面积增加，对药剂的吸附增强，药剂消耗增大，增加了生产成本。无论是在技术上还是在经济上，细粒矿物的存在对浮选都是不利的，因此对细粒矿物浮选开展相关研究是很有意义的。

1.2   细粒矿物浮选理论研究现状

1.2.1   细粒矿物对粗粒矿物浮选的影响

矿物浮选行为与粒度有关，粒度过粗或粒度过细都不利于矿物浮选。研究表明，不同粒度的同类矿物及粒度不同的异类矿物之间存在相互作用，这些相互作用会影响矿物的浮选指标。

粗粒矿物在一定条件下可提高细粒的回收率，反之，细粒也会影响粗粒的回收率。王纪镇[19]研究了粒度分布对白钨矿浮选的影响，其结果表明，颗粒粒径对白钨矿浮选回收率及药剂性能都有影响，−10 μm 粒级白钨矿对粗粒级白钨矿回收率的影响程度随粗粒级白钨矿粒度的改变而发生变化，这主要是因为白钨矿颗粒之间的相互作用能、流体剪切力大小都与颗粒粒径有关。Rahman 等人[20]对不同粒度组分二氧化硅的浮选行为进行了研究，研究发现，一定量细粒级二氧化硅的存在能够强化粗粒级二氧化硅的浮选回收。Ana 等人[21]也进行了类似的研究，其研究表明，加入细粒级石英有利于提高中等粒级和粗粒级石英的回收率，这主要是因为细粒石英能影响浮选泡沫，减小气泡尺寸并增加浮选泡沫稳定性；而且他们还发现使用醚胺作为捕收剂浮选细粒级石英效果要优于醚二胺，醚二胺捕收中等粒级和粗粒级石英的效果要优于醚胺。

细颗粒可以通过黏度改变和细颗粒与粗颗粒的附着来改变粗颗粒的浮选行为。Xu 等人[22]研究了超细二氧化硅和氧化铝作为矿浆黏度调节剂时极粗石英颗粒的浮选行为，试验发现细颗粒附着在细颗粒改变粗颗粒行为方式上占主导作用，使用超细二氧化硅和氧化铝作为矿浆黏度调节剂增加矿浆黏度不利于粗颗粒的回收，相反还恶化了浮选，经脱泥处理后能成功地将回收率恢复到一定程度，并且观察到在使用高黏度介质（50%甘油/水混合物）浮选后，粗颗粒的回收率明显得到了提高。

细粒矿物含量会明显影响粗粒级矿物的回收率。王丽等人[23]探讨了细粒级钛辉石对钛铁矿浮选的影响，结果表明，－10 μm粒级的钛辉石严重影响钛铁矿的回收率，特别是当其含量（质量分数）超过40%时，会导致钛铁矿回收率急剧降低。冯博等人[24]研究了不同粒级蛇纹石对镍黄铁矿浮选行为的影响，结果发现粗粒级蛇纹石对镍黄铁矿的浮选基本无影响，但细粒级蛇纹石对镍黄铁矿浮选影响显著，细粒级蛇纹石含量越高，浮选回收率越低，这主要是因为蛇纹石与镍黄铁矿之间存在着异相凝聚。

总的来说，矿物的粒度分布对浮选过程有重要影响，不同粒度的矿物相互作用会影响浮选回收率、药剂性能、泡沫稳定性和矿浆黏度。特别是细粒矿物含量过高会显著降低粗粒级矿物的回收率，因为不同粒度的矿物之间存在相互作用，如异相凝聚等现象。因此，研究和控制矿物的粒度分布对于提高浮选回收率和改善浮选工艺具有重要意义。

1.2.2 细粒矿物浮选机理

选矿中的矿泥一般是指－74 μm粒级的矿物，而浮选中的矿泥应是－18 μm或－10 μm的细粒级矿物。因此，矿泥对浮选的影响一般也是细粒级矿物对浮选的影响。如何处理矿泥含量高的矿石是选矿过程中的一个常见问题，有时会将矿泥含量高的矿石与常规矿石混合，降低矿泥相对含量，或通过矿浆调整剂调节矿浆和脱除矿泥[25]。

细粒矿物会通过矿泥罩盖和机械夹杂影响矿物浮选，静电作用是矿泥罩盖的作用机理。细粒矿物部分或者完全在相对较粗的有用矿物表面发生罩盖后，有用矿物的亲水性会提高或捕收剂在其表面的吸附量会降低，进而恶化浮选。邢耀文等人[26]研究了高岭石和蒙脱石对细粒煤浮选的影响，试验发现蒙脱石会在煤颗粒表面发生矿泥罩盖，降低煤颗粒的疏水性，阻碍气泡与颗粒的附着，从而降低了煤的回收率和浮选选择性。赵胜利等人[27]试验发现，在自来水中高岭石能显著抑制辉铜矿浮选，而电解质的加入能够提高辉铜矿的回收率，且随着电解液浓度的增加，辉铜矿的回收率增加，并且原子尺寸越大的阴离子和阳离子对辉铜矿回收率的提升效果越明显，这主要是因为电解质能降低高岭石和辉铜矿的静电作用。

赵胜利等人[28]还对膨润土对黄铜矿和辉铜矿浮选行为的影响机理进行了研究，结果发现，在磨矿过程中，由于矿物表面氧化程度不同，磨矿后黄铜矿带负电荷，辉铜矿带正电荷，导致两种矿物与膨润土颗粒的相互作用不同，经磨矿后的辉铜矿与膨润土之间存在静电相互作用，膨润土能够在辉铜矿表面发生罩盖，而黄铜矿与膨润土之间存在静电斥力，膨润土并不会在黄铜矿表面发生罩盖。张明强[29]对蛇纹石与黄铁矿异相分散的调控机理进行了研究，试验发现，蛇纹石的存在能够显著降低黄铁矿的回收率，其主要原因是蛇纹石罩盖在黄铁矿表面，阻碍了黄药在黄铁矿表面的吸附，分散剂的加入可以减弱甚至消除蛇纹石的不良影响。

早些年针对矿泥的研究多是研究矿泥罩盖和机械夹杂，关于矿泥对矿浆流变学及后续浮选的影响的研究相对较少。实际上，矿泥对矿浆流变学的影响也是细粒矿物的主要特性之一。由此，近年来在细粒矿物浮选机理方面的研究文献中，矿浆黏度、流变学这类的词出现频率逐渐增加。已有研究[30]发现降低平均紊流能耗有利于粗粒矿物的回收，降低平均紊流能耗就等效于降低了浮选泡沫层所受到的剪切力，增强了矿化气泡的稳定性，进而提高了矿物回收率。Dealon[31]通过试验发现矿浆浓度的增加能够增加镍矿矿浆黏度，但会造成浮选泡沫尺寸的减小。Schubert[32]认为浮选时应该将粗粒级矿物和细粒级矿物进行单独浮选，因为不同粒级矿物的最佳浮选条件是存在差异的，对转速和矿浆黏度的要求是不一致的。

Xu等人[33]发现矿化气泡的稳定性与颗粒粒径、平均接触角、矿浆黏度、外加振动频率等因素有关，且在高黏度和高振动频率条件下稳定性显著增强。陈伟等人[34]研究发现粗粒级石榴石的加入能够降低浮选矿浆的表观黏度和屈服应力，使浮选矿浆行为更接近于宾汉姆流体，从而提高白钨矿的浮选速率，改善泡沫形态，强化白钨矿浮选。

总的来说，细粒矿物的浮选机理研究主要涉及了矿泥在矿石选矿过程中的问题，以及细粒矿物对浮选过程的影响。浮选中的矿泥一般是 $-18\ \mu m$ 或 $-10\ \mu m$ 的细粒级矿物。细粒矿物会通过矿泥罩盖和机械夹杂影响矿物浮选，其中静电作用是矿泥罩盖的主要作用。研究发现，不同矿物之间的相互作用、矿物颗粒的粒径、形状等因素均会影响浮选过程中矿物的回收率。因此，对于不同矿物的浮选过程，需要考虑到矿物特性及矿浆流变学特性，以优化浮选条件，提高矿物的浮选效率。

1.3　无定形矿物研究现状

无定形二氧化硅成矿于早期成岩阶段，黏土矿物相互之间转化的过程中会生成大量的无定形二氧化硅，其中无定形二氧化硅的含量取决于热条件、矿物组成，以及矿物的结晶程度，且该含量显著影响储矿层的脆性。据报道，鄂尔多斯盆地泥岩中，在蒙脱石中伊利石的形成常伴随着无定形二氧化硅的生成，导致鄂尔多斯盆地深度为 2500 m 处矿床的孔隙度和渗透率降低，显著增加了地层密度及声波时差。目前，石英的含量通常作为指数被用来评价矿石岩层的脆性。Jarvie 对巴奈特页岩作为热液成矿矿床的典型进行研究，结果表明，该矿床中生物成矿的自生石英显著增加了储矿层的脆性和压裂改造度。

目前对矿物中无定形二氧化硅的定量分析的方法有化学溶解法、X 射线衍射定量分析法、Popovic 增量法-X 射线衍射定量分析法。化学溶解方法受限于矿物组分溶解程度的差异及分析周期长，影响了定量分析的精度。X 射线衍射定量分析法中人工因素在计算无定形二氧化硅的衍射图谱中圆丘散射曲线的积分强度的影响较大，也导致了精度较低。而 Popovic-X 射线衍射定量分析增量法避免了人为因素在计算无定形二氧化硅的衍射图谱中圆丘散射曲线的积分强度的影响，但该方法需要添加样品中缺少的某一已知矿物的标样，而且需要提供两组矿物组分一致而含量不同的样品，故难度较大。

二氧化硅的无定形态和晶态的基本结构单元都是四面体，但它们的结构却截然不同。在晶体形式中，四面体以长程有序彼此相对组织，其中硅原子和氧原子都定义了位置。在无定形态中，邻域之间短程有序，长程上无序存在。石英具有简单而规则的形貌和表面电荷分布，其在矿物加工中的作用已经得到了很好的研究。无定形二氧化硅表面存在大量的表面硅醇基团，硅醇基团是实际的反应中心，相互之间及与其他矿物颗粒之间形成氢键。相邻的无定形二氧化硅颗粒之间由于氢键作用，形成三维网状结构。当这种连接大面积形成时，悬浮液变成胶体凝胶（颗粒的三维网络）。网状结构的形成限制了矿浆中颗粒的流动性，从而增加了矿浆的黏度。在一些黏土矿物悬浮液中也发现了类似的结构。张明通过低温扫描电镜分析，发现膨润土悬浮液中形成的三维网状结构显著增加了矿浆表观黏度。无定形二氧化硅与石英相比，由于缺乏晶体结构，其颗粒密度较低。Wang 研究发现，颗粒密度会显著影响浮选过程中脉石矿物的夹带，从而影响浮选精矿的品位，即颗粒密度的降低会导致颗粒沉降速率的降低，从而导致浮选夹带程度的增加。

1.4　选矿流变学

1.4.1　流变学基本概念及其测量方法

1.4.1.1　流体类别

流体可以分为牛顿流体和非牛顿流体。牛顿流体表现出剪切应力随剪切速率的线性增加，黏度（剪切应力与剪切速率的比值）在整个剪切速率范围内是恒定的。而对于非牛顿流体，黏度值作为剪切速率的函数而变化。非牛顿流体包括膨胀性流体、塑性流体、假塑性流体和宾汉姆流体等。不同流体的剪切应力与剪切速率的关系图是不一样的，如图 1.2 所示。

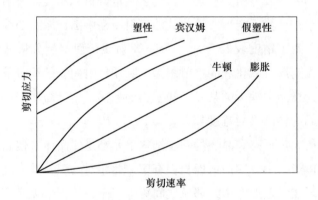

图 1.2　不同流体的剪切速率作为剪切应力函数的示意图

许多研究表明浮选性能和矿浆流变性之间存在很强的关系。矿浆黏度高通常意味着有价值矿物的回收率低。在浮选泡沫层，高的浆黏度会导致湍流阻尼增加、气体分散不良、颗粒和矿化气泡的流动性降低及低的颗粒-气泡碰撞效率。所有这些因素都会导致浮选效率降低[35]。

流变学测量对于研究细颗粒系统的性质非常有用。细颗粒系统的流变性取决于许多因素：粒径、形状和固体浓度。通常，随着粒径的减小，流变行为变得更加非牛顿性。固体浓度低的球形颗粒分散良好地表现出牛顿性，而聚集在一起的则表现出非牛顿性。细小悬浮液的流变性还取决于颗粒的形状；如果颗粒不是球形，则固体浓度的影响更为明显[36]。

流变行为也受颗粒间相互作用的影响。矿浆中的颗粒相互作用对于研究浮选分离过程，特别是细颗粒的浮选分离非常重要。颗粒相互作用通常受浮选条件的影响，如酸碱度、电解质浓度、剪切环境和试剂浓度。范德华力、静电力和疏水力是决定浮选条件下颗粒相互作用的主要因素。已经证明，在剪切絮凝浮选过程中，浮选颗粒之间的疏水力有利于回收细颗粒[37]。有用矿物颗粒和脉石颗粒之间的范德华力和双电层力对分离过程也有不可忽视的影响。当有用矿物颗粒和脉石颗粒之间的这些力具有吸引力时，有价值的颗粒的浮选通常会被"矿泥罩盖"现象所抑制。浮选矿浆的流变测量提供了这些力的定量测量，可直接判断颗粒间相互作用。

总的来说，流变性对矿浆的浮选过程有重要影响，特别是在处理细颗粒系统时。通过测量流变性，可以更好地理解矿浆的性质，从而优化浮选过程，提高回收率。因此，流变学测量对研究细颗粒系统的性质非常有用。细颗粒系统的流变性取决于多个因素，包括粒径、形状和固体浓度，以及颗粒间相互作用。颗粒相互作用对浮选分离过程至关重要，而浮选矿浆的流变测量可以提供这些力的定量测量，从而有助于对颗粒间相互作用进行直接判断。

1.4.1.2　流变学测量方法

流变学的变化会影响浮选槽内的流体力学，从而影响高效浮选所需的各种子过程，如气体分散、颗粒悬浮、气泡-颗粒碰撞、附着和分离。因此流变学测量结果的准确是确保结论正确的前提。

流变学测量都是通过流变学测量仪器完成的，流变学测量仪器有多种，包括毛细管黏度计、振动球黏度计、旋转流变仪等，现在最常用的是使用流变仪进行测量。在流变学计算中，常用一些模型对数据进行拟合，其中宾汉姆（见式（1.1））或卡森（见式（1.2））模型就常用于估算黏度和屈服应力[38]：

$$\tau = \tau_B + \eta_{pl} D \tag{1.1}$$

$$\tau^{1/2} = \tau_B^{1/2} + (\eta_{pl} D)^{1/2} \tag{1.2}$$

流变学测量有时不仅测量矿浆黏度，还会测量浮选泡沫黏度，测量浮选泡沫黏度最常用的方法是"叶片法"，李超等人[39]对该方法进行了优化，用管子环绕叶片使水平流动的影响达到最小化或消除，让流变学测量更加地精准。

1.4.2 流变学在细粒矿物浮选中的应用

1.4.2.1 矿浆流变学

流变学是研究物体在外力作用下变形和流动的学科，其研究对象包括流体、软固体或在某些条件下可流动的固体。在矿石加工领域，矿浆的流变特性对于矿浆的输送、磨矿、脱水等方面有显著影响，因此越来越多的科研人员开始关注矿浆的流变特性研究。随着全球高品位矿的储量减少，大量贫、细、杂且难选的矿床被开发利用，这些矿石在选矿过程中往往具有复杂的矿浆流变特性，因此浮选系统经常出现指标恶化。研究矿浆的流变特性及其对浮选指标的影响规律已成为当前研究的热点。浮选的主体是矿浆，故细粒矿物浮选流变学主要研究的是细粒矿物浮选矿浆流变性，而粒度作为影响浮选矿浆流变性的重要因素之一。David等人[40]通过流变试验发现，随着颗粒尺寸的减小，矿浆的表观黏度趋于增加，表现出像剪切增稠和网状结构的聚集这类的复杂的流变性质。Becker等人[41]对两种铂矿矿浆流变性进行了研究，发现矿浆体积浓度超过一定界限后，随着浓度的进一步增大，矿浆表观黏度显著提高，且不同矿石性质的矿浆浓度界限值不同。Farrokhpay等人[42]对含大量黏土矿物的金矿进行了流变学研究，发现在矿浆质量浓度超过25%后，随金矿粒度的减小，矿浆表观黏度显著增大。张明清等人[43]使用流变方法研究了细粒矿物黏土和煤的相互作用及低浓度氯化钙对浮选回收率的影响，其结果表明流变测量可用于研究矿泥罩盖现象和分析浮选系统，且可为煤泥罩盖现象提供理论依据。汪磊等人[44]对矿物浮选流变性进行了简单的论述，提到了矿浆固体体积分数、颗粒特性、颗粒间相互作用及其相关的影响变量如剪切速率、矿浆化学性质等均会对矿物流变特性产生影响。这些研究都表明了流变学可用于检测浮选条件对细粒矿物浮选的影响。

黏土矿物是细粒矿物浮选中不可避免的一道难题，但流变学的出现能加深我们对黏土矿物的理解，使这道难题的突破有了新的可能。Farrokhpay等人[45]借用流变学测量等方法以高岭石代表膨胀黏土，伊利石代表非膨胀黏土进行试验，了解到膨胀黏土与非膨胀黏土对矿浆流变性的影响不同，膨胀黏土主要通过吸附水来影响其性能，而非膨胀黏土对矿浆流变性能的影响较小。张明等人[46]对黄铜矿与3种不同类型的黏土矿物（膨润土和结晶度不同的两种高岭石）的混合物进行了流变学测量，发现膨润土增加矿浆黏度的能力最强，结晶度较低的高岭石比结晶度较高的高岭石会产生较高的流变性。王冉[47]研究煤泥浮选，进行流变学试验发现，黏土泥化抑制后，矿浆流体由牛顿流体转变为非牛顿流体，比非抑制条件下得到了更高的可燃体回收率。Ndlovu 等人[48]研究了不同黏土矿物对矿浆表观黏度的影响，发现对于层状硅酸盐矿物，不同黏土矿物表现出不同的影响，伊利石的影响明显小于滑石和高岭石；而对于非层状硅酸盐矿物，其对矿浆表观黏度的影响通常低于层状硅酸盐矿物。夏亮等人[49]在处理含有大量易泥化的蛇纹石和少量滑石的矿石时，采用降低浮选矿浆浓度、使用低黏度的起泡剂和加大分散剂用量等手段，降低了原本过高的矿浆黏度，改善了蛇纹石和滑石对矿物浮选的影响，提高了铜钼矿浮选指标。王琛等人[50]在研究某高泥氧化锌矿不脱泥浮选和脱泥浮选时的最佳矿浆浓度时发现，在相同浮选条件下，经脱泥处理后的矿浆流变性质会得到改善，取得更好的精矿品位和回收率。

在矿浆流变学与浮选性能和颗粒间作用力的关系这些方面，还有人做了研究。卢建安[51]在研究脱泥对氧化锌影响时通过流变学测量发现，在一定范围内，矿浆黏度越低，浮选效果越好。陈伟等人[52]通过流变学测量等手段研究了加入粗石榴石对细粒矿物白钨矿浮选的影响，发现加入粗石榴石可以降低浮选矿浆表观黏度和屈服应力，使浮选矿浆流体行为更接近宾汉姆行为，提高慢浮白钨矿颗粒的浮选速率系数。张国凡等人[53]通过流变测量等手段，研究了细粒萤石与石英之间的颗粒相互作用及其对萤石浮选的影响，证明了两种矿物之间存在异相凝聚，会对萤石浮选造成不利影响，使浮选回收率和浮选速率降低。Farrokhpay 等人[54]在研究水质对浮选泡沫稳定性影响时发现，金属阳离子的加入增大了矿浆表观黏度，这是由于金属阳离子影响了矿物颗粒间的聚集，从而改变了矿浆黏度。Cruz 等人[55]研究了浮选药剂对黏土矿物流变性质的影响，试验表明浮选药剂在低质量浓度下对矿浆流变性质影响不大，在高质量浓度下对矿浆流变性质的影响显著，且不同药剂的影响存在差异。张明等人[56]在研究膨润土对铜金矿的影响时发现海水可以降低膨润土的膨胀能力，改变膨润土在矿浆中的网络结构，从而降低矿浆黏度，提高气泡和颗粒的流动性，改善矿物浮选指标。

总的来说，矿浆流变学研究强调了矿浆流变特性对提高浮选效率的重要性，以及流变学在这方面的应用。研究发现矿浆的流变特性受多种因素影响，包括颗粒尺寸、体积浓度和矿石性质等，这些因素对浮选回收率产生影响。流变学方法也被用于研究矿泥罩盖现象和分析浮选系统，为煤泥罩盖现象提供了理论依据。

此外，流变学在研究黏土矿物对矿浆流变性和浮选指标的影响方面也有重要应用，同时也被用于研究多种矿物的浮选过程。最后，通过降低矿浆浓度、使用低黏度的起泡剂和加大分散剂用量等手段可以改善矿物对浮选的影响，提高浮选指标。

1.4.2.2　泡沫流变学

现今大多数浮选最终矿物都是随着泡沫一起浮出的，研究泡沫性质及对其产生影响的因素对提高浮选效率是可能产生帮助的。随着流变学在矿业方向的不断发展，"泡沫流变学"被提出。研究人员希望从这一方面着手找到改善细粒矿物浮选的方法。Ovarlez 等人[57]使用流变学测量证明了简单屈服应力流体行为的存在性，进一步说明了泡沫流变学的可靠性。

随着矿物粒度分布变得更粗，泡沫稳定性也会降低。矿浆中的细颗粒量、泡沫稳定性和浮选回收之间存在相关性。矿物颗粒的恢复取决于泡沫的稳定性，而泡沫的稳定性又受到供料总体粒径分布的极大影响。必须说明的是，虽然已知细颗粒可以提高泡沫稳定性，但是许多研究人员已经发现极细颗粒对泡沫具有不稳定作用。在 2000 年，Tao 等人[58]在对煤颗粒的试验中就发现，尺寸在 30 ~ 150 μm 之间的颗粒稳定了泡沫，而小于 30 μm 的颗粒则会破坏泡沫的稳定性。

"泡沫流变学"并非说仅研究泡沫流变性，而是矿浆和泡沫共同研究，在研究矿浆流变学时研究浮选泡沫产生的变化和影响。李国胜等人[59]通过流变学方法研究了氯化钠对粉煤浮选的影响，发现浮选中泡沫稳定性的变化归因于矿浆黏度的变化，在一定范围内矿浆黏度的增加能增强泡沫稳定性，提高煤颗粒的回收率。李超等人[60]通过流变学试验研究了品位、粒度、泡沫高度、表观气速和叶轮速度对泡沫流变性的影响，发现黄铜矿粒度与泡沫表观黏度呈负相关，且黄铜矿的大小导致泡沫表观黏度的变化比其他参数（在测试范围内）更大。

Ata 等人[61]研究表明，矿浆流变性的增加会阻碍泡沫相中液体的排水速度，从而增加夹带率。Farrokhpay 等人[62]也通过试验分析了滑石和白云母对铜浮选的影响，通过流变学测量发现滑石颗粒会移动到泡沫相中影响泡沫稳定性和泡沫结构，而白云母会影响矿浆流变性，都对矿物浮选产生不利影响。李超等人[63]借用流变学测量研究细粒矿物黏土矿和疏水性矿对泡沫流变性的影响，发现它们会通过夹带进入泡沫的方式显著改变泡沫流变性，降低浮选品位。此外，还通过研究泡沫流变性对黄铜矿与二氧化硅混合合成矿石浮选的影响，发现了泡沫流变性与二氧化硅回收率之间存在相关性[64]。

　　对于黏土矿物浮选，"泡沫流变学"也有涉及。王燕红等人[65]进行流变学试验发现细粒矿物黏土矿物中膨润土会对矿浆和泡沫流变性均产生较大影响，降低了气泡-颗粒碰撞的频率和气泡-颗粒聚集体的流动性，使浮选回收率降低。高岭土对矿浆流变性影响则很小，但它会进入泡沫影响泡沫流变性，产生高夹带率，降低浮选品位。

　　总的来说，研究泡沫性质及其对浮选产生的影响对提高浮选效率具有重要意义。随着流变学在矿业领域的发展，"泡沫流变学"成为研究热点，旨在探索改善细粒矿物浮选的方法。研究表明，矿物粒度分布的粗化会降低泡沫稳定性，而细颗粒对泡沫的影响则取决于其尺寸。泡沫流变学研究不仅关注泡沫的流变性，还涉及矿浆和泡沫的共同研究，以及对浮选指标的影响。通过流变学方法，研究人员发现矿浆黏度的变化会影响泡沫稳定性，而矿物颗粒的大小也对泡沫的表观黏度产生显著影响。此外，研究还表明细粒矿物如黏土矿物和疏水性矿对泡沫的流变性和浮选回收率都有显著影响。综合而言，泡沫流变学的研究有望为改善矿浆浮选效率提供重要的理论和实践指导。流变学测量提供了矿物矿浆中聚集水平的定性和定量检测，使颗粒间相互作用得以分析，加深了对微细颗粒浮选的理解，是一种研究微细颗粒浮选的重要手段。

　　中国的钼资源储量丰富，是一个钼资源大国，但钼矿普遍品位较低，嵌布粒度较细，脉石矿物种类多且含量高。对于低品位钼矿，为了实现其高效回收，在浮选前往往需要通过细磨使矿物充分单体解离，而细磨会产生大量细粒矿物，会对目的矿物的浮选产生一定影响，进而使得目的矿物回收利用技术难度和成本增加。基于此，本书通过阐述钼矿磨矿过程中细粒硅酸盐脉石矿物和无定形二氧化硅产生的原因，并从流变学角度分析细粒脉石矿物对辉钼矿浮选的影响机制，探寻提高辉钼矿浮选指标的流变学调控措施，以期为辉钼矿高效浮选回收提供理论依据。

2　试验材料与研究方法

2.1　试　验　样　品

2.1.1　细粒硅酸盐脉石矿物对矿浆流变特性影响研究所用矿样

试验所用钼矿石样品来自陕西金堆城钼矿，矿样经破碎流程破碎至 - 2 mm，混匀装袋后用于检测及后续试验备样。辉钼矿纯矿物取自陕西金堆城钼矿，纯度为99%；石英购置于河南郑州，纯度为95%；钾长石、绿泥石和白云母均购置于河北石家庄，纯度分别为98%、90%和95%。纯矿物样品经陶瓷研磨机研磨，然后进行筛分、混合和包装，筛分出 - 150 + 106 μm、 - 106 + 74 μm、 - 74 + 38 μm、 - 38 + 23 μm 及 - 23 μm 的粒级样品用于单矿物浮选试验、矿浆表观黏度试验和浊度分析等。

2.1.2　辉钼矿浮选中无定形二氧化硅的流变学效应试验所用矿样

辉钼矿浮选中无定形二氧化硅的流变学效应试验所用的纯矿物和实际矿物为：

（1）纯矿物。试验所用辉钼矿纯矿物取自陕西金堆城钼业股份有限公司百花岭选矿厂，呈铅灰色粉末状。石英，购自安徽胜利石英砂厂，呈白色粉末状。无定形二氧化硅购自 Degussa AG 公司，呈白色粉末状。用化学分析法确定了辉钼矿、石英和无定形二氧化硅纯度分别为99.75%、99.51%、99.17%，符合试验要求。

（2）实际矿物。取自陕西金堆城钼矿南北露天矿采矿厂、黄龙铺西沟钼矿采矿厂、华阴市文公岭钼矿采矿厂，其多元素分析结果分别见表2.1 ~ 表2.3。

表2.1　金堆城钼矿南北露天矿多元素分析

成　分		Mo	Cu	Pb	Zn	S	TFe	Mn	Co
质量分数 /%	北露天	0.165	0.035	0.006	0.017	2.55	6.30	0.12	0.007
	南露天	0.093	0.054	0.010	0.015	2.06	3.97	0.029	0.002

续表2.1

成 分		P	TiO$_2$	SiO$_2$	TC	Al$_2$O$_3$	CaO	MgO	Ni
质量分数/%	北露天	0.16	0.92	58.59	0.38	10.50	3.71	2.09	0.005
	南露天	0.10	0.29	83.94	0.087	2.96	0.88	0.57	0.004

成 分		As	Au	Ag	K$_2$O	Na$_2$O	LOI	
质量分数/%	北露天	3.5×10^{-4}	0.09×10^{-4}	2.20×10^{-4}	4.20	0.93	3.28	
	南露天	3.5×10^{-4}	0.08×10^{-4}	1.68×10^{-4}	1.11	0.017	2.81	

表 2.2 黄龙铺西沟钼矿多元素分析

成 分	Mo	S	Cu	Pb	Zn	TFe	SiO$_2$	CaO
质量分数/%	0.089	1.25	0.0006	0.179	0.021	1.43	85.14	0.34
成 分	Al$_2$O$_3$	K$_2$O	Na$_2$O	P	Tc	Mn	TiO$_2$	WO$_3$
质量分数/%	1.48	0.90	0.13	0.16	0.13	0.11	0.19	0.018
成 分	Ba	As	MgO	Ni	Au	Ag	Bi	LOI
质量分数/%	0.52	0.0036	0.19	0.0012	0.086×10^{-4}	1.30×10^{-4}	0.0003	2.59

表 2.3 文公岭钼矿多元素分析

成 分	Mo	Pb	Zn	Cu	S	TFe	SiO$_2$	Al$_2$O$_3$
质量分数/%	0.099	0.093	0.055	0.004	1.10	2.25	62.60	11.0
成 分	K$_2$O	Na$_2$O	CaO	MgO	BaO(Ba)[①]	SrO(Sr)[①]	P	TiO$_2$
质量分数/%	5.75	1.34	3.36	0.83	0.82(0.73)	0.82(0.69)	0.068	0.27
成 分	TC	WO$_3$	Co	Ni	Bi	V$_2$O$_5$	As	Sb
质量分数/%	0.63	0.0084	0.0015	0.0012	0.0003	0.065	0.0027	0.0001
成 分	U	Nb$_2$O$_5$	Re	Sn	Au	Ag	LOI	
质量分数/%	19.40×10^{-4}	29.40×10^{-4}	0.46×10^{-4}	1.62×10^{-4}	0.11×10^{-4}	1.50×10^{-4}	5.66	

① BaO 和 SrO 是测试结果，（Ba）和（Sr）是根据测试结果换算的结果。

2.2　试验仪器与药剂

试验中所用仪器见表 2.4。

表 2.4　仪器设备

设 备 名 称	生 产 厂 家	型 号
球磨机	武汉洛克粉磨设备制造有限公司	RK/ZQM-150×50
电热干燥箱	北京科伟永兴仪器有限公司	101-3ab
玛瑙研磨机	晶森科技	XPM
天平	梅特勒-托利多	XSE-105
电泳仪	上海中晨数字技术设备有限公司	JS94H
旋转流变仪	德国哈克	HAAKEMARS 40
便携式浊度仪	杭州齐威仪器有限公司	ZD-10A
挂槽式浮选机	武汉洛克粉磨设备制造有限公司	RK/FD
单槽浮选机	吉林省探矿机械厂	XFD
全自动表面张力仪	上海方瑞仪器有限公司	QBZY-2
磁力搅拌器	德国 IKA	C-MAG
超声波清洗机	深圳市歌能清洗设备有限公司	GS-040A
智能球磨机	武汉洛克粉磨设备制造有限公司	RK/ZQM
真空烘箱	上海科恒实业发展有限公司	DZF
全自动表面张力仪	德国哈克	K100
CCD 相机	奥林巴斯工业有限公司	FE-4000
聚焦光束反射测量仪	Mettler-Toledo	G400
矿物解离分析仪	FEI 电子光学公司	MLA650

试验中所用药剂清单见表 2.5。

表 2.5　化学试剂

药剂名称	化 学 式	纯 度	用 途
柴油	—	工业品	捕收剂
2 号油	—	工业品	起泡剂

药剂名称	化学式	纯度	用途
稀盐酸	HCl	分析纯	pH 调整剂
氢氧化钠	NaOH	分析纯	pH 调整剂
硅酸钠	Na_2SiO_3	分析纯	分散剂
碳酸钠	Na_2CO_3	分析纯	分散剂
六偏磷酸钠	$(NaPO_3)_6$	化学纯	分散剂
聚氧化乙烯	$H(OCH_2CH_2)_nOH$	化学纯	絮凝剂

2.3 研究方法

2.3.1 浮选试验

2.3.1.1 细粒硅酸盐脉石矿物对矿浆流变特性影响浮选试验

A 单矿物浮选试验

固定辉钼矿和不同脉石矿物总质量共 4 g，然后按照一定的质量分数混合，加入 40 mL 蒸馏水，混合均匀后加入浮选槽中，采用 RK/FGC-5-35 挂槽式浮选机进行单矿物浮选试验，浮选机转速 1700 r/min，搅拌后加入捕收剂柴油作用 3 min，起泡剂 2 号油作用 1 min，充气刮泡 3 min，浮选产品经过滤、烘干、称重、化验精矿和尾矿品位，计算各组分回收率。

B 实际矿浮选试验

实际矿钼品位 0.21%，脉石矿物含量高，以云母、石英为主，其次为长石、绿泥石等。在常温条件下，采用 RK/ZQM 智能球磨机以 50% 的磨矿浓度对 200 g 实际矿进行磨矿操作，后将矿浆置于 0.5 L XFD 单槽浮选机的浮选槽中进行实际矿浮选试验，试验使用柴油作为选钼捕收剂，作用时间为 3 min；2 号油作为浮选用的起泡剂，作用时间为 1 min，浮选机初始转速为 1700 r/min，充气刮泡时间为 3 min。

2.3.1.2　辉钼矿浮选中无定形二氧化硅的流变学效应浮选试验

A　单矿物浮选试验

本节的单矿物试验选用 RK/FD-50 mL 型实验室用挂槽式浮选机。向浮选槽添加 5 g 单矿物粉末，再加入定量的蒸馏水，在 1999 r/min 的转速下搅拌 1 min，依次加入调整剂 2 min、捕收剂 2 min、起泡剂 1 min，采用手工刮泡，每次刮泡间隔 15 s，刮泡时间为 3 min，获得的泡沫产品进行烘干、称重，计算产率。

B　人工混合矿浮选试验

人工混合矿浮选试验选用 RK/FD-1.0 L 型实验室用挂槽式浮选机。主轴转速为 1999 r/min，矿浆浓度（体积分数）为 30%。试验所用矿物均为人工混合制得，入选矿样总质量为 300 g，其中辉钼矿 1%、无定形二氧化硅含量（质量分数）分别为 0、2%、4%、6%、8%、10%、20%、30%、40%，其余均为石英。依次加入调整剂 2 min、捕收剂 2 min、起泡剂 1 min，采用自动定频刮泡，获得的泡沫产品进行烘干、称重，计算产率，化验泡沫产品中钼的品位，计算回收率。

辉钼矿回收率计算公式见式（2.1）：

$$R_{\text{moly}} = \frac{m_{\text{c-moly}}}{m_{\text{f-moly}}} \times 100\% \tag{2.1}$$

式中，R_{moly} 为辉钼矿回收率，%；$m_{\text{c-moly}}$ 为精矿中辉钼矿的质量，g；$m_{\text{f-moly}}$ 为浮选入料中辉钼矿的质量，g。

水回收率计算公式见式（2.2）：

$$R_{\text{W}} = \frac{m_{\text{c-w}}}{m_{\text{f-w}}} \times 100\% \tag{2.2}$$

式中，R_{W} 为水的回收率，%；$m_{\text{c-w}}$ 为精矿中水的质量，g；$m_{\text{f-w}}$ 为浮选入料中水的质量，g。

脉石夹带率计算公式见式（2.3）：

$$\text{ENT} = \frac{m_{\text{c-g}}/m_{\text{c-w}}}{m_{\text{t-g}}/m_{\text{t-w}}} \tag{2.3}$$

式中，ENT 为脉石夹带率；$m_{\text{c-g}}$ 为精矿中脉石矿物的质量，g；$m_{\text{t-g}}$ 为尾矿中脉石的质量，g；$m_{\text{t-w}}$ 为尾矿中水的质量，g。

C 浮选动力学试验

人工混合矿物浮选动力学试验使用 RK/FD-1.0 L 型浮选机，试验在常温下（约 25 ℃）进行。每次试验所用矿物均为人工混合制得，入选矿样总质量为 300 g，其中辉钼矿 1%，改变无定形二氧化硅的含量（质量分数），分别为 0、2%、4%、6%、8%、10%、20%、30%、40%，其余脉石矿物为石英，置于浮选槽中，加入适量的水搅拌 1 min，再依次加入捕收剂搅拌 2 min、起泡剂搅拌 2 min，在浮选时间 30 s、60 s、90 s、120 s、150 s、180 s 处依次刮泡。将所得泡沫产品烘干、称重、化验精矿中钼的品位并计算其回收率。浮选动力学试验流程如图 2.1 所示。

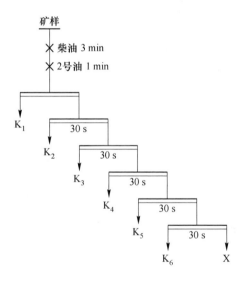

图 2.1 浮选动力学试验流程

K_1—0 ~ 30 s 的泡沫产品；K_2—30 ~ 60 s 的泡沫产品；K_3—60 ~ 90 s 的泡沫产品；
K_4—90 ~ 120 s 的泡沫产品；K_5—120 ~ 150 s 的泡沫产品；K_6—150 ~ 180 s 的泡沫产品

2.3.2 矿浆表观黏度测试

试验采用 HaakeMars40（Thermo Scientific）旋转流变仪对矿浆表观黏度表征。分析不同脉石矿物的表观黏度变化与脉石矿物粒度与含量的关系。鉴于待测样本为浮选矿浆，因此，选用 FL224B/SS011901864 叶转子对矿浆溶液的表观黏度进行测量，固定温度为 25 ℃。具体流变仪测量操作步骤如下：

（1）将配制好的待测矿浆溶液加入旋转流变仪筒体中，在剪切速率为 $100\ s^{-1}$ 的条件下预剪切 60 s，以实现矿浆充分混匀分散，不记录数据。

（2）在剪切速率为 $0\ s^{-1}$ 时静止 30 s，使矿浆稳定化，避免矿浆由于自身旋转流动造成试验误差，不记录数据。

（3）控制剪切速率，在剪切速率为 $100\ s^{-1}$ 的条件下剪切 120 s，均匀记录 100 组试验数据，求取平均值，以减小试验误差。

2.3.3　沉降试验

沉降试验采用直接观测沉降界面法，所用矿样与 2.3.1 节中人工混合矿物相同，探究无定形二氧化硅对辉钼矿矿浆的自然沉降特性的影响。取 1.0 L 的透明玻璃量筒，清洗干净后烘干，在量筒外侧粘贴长度与量筒高度相当的坐标纸，并使坐标纸的整刻度与量筒标称满容积的刻度线对齐向下依次标注沉降高度，直至量筒底部，如图 2.2 所示。按照辉钼矿 1%，无定形二氧化硅含量（质量分数）分别为 0、2%、4%、6%、8%、10%、20%、30%、40%，其余均为石英进行配矿。

将人工混合矿样 300 g 放入该量筒内，并加入 800 mL 水，保持矿浆浓度为 30% 与浮选一致，使用搅拌器上下往复搅拌 20 次，搅拌结束后立即计时。随即记录澄清液面下降的位置，该试验观察澄清液面下降位置采用的时间间隔依次为 5 s、10 s、20 s、40 s、60 s、100 s、140 s、160 s、220 s、300 s、400 s、500 s、600 s、10 min、20 min、30 min、1 h、1.5 h、2 h，并在每次测量时间为 30 min 时取上清液 5 mL 进行浊度检测。平均沉降速度（见式（2.4））：前 t min 矿浆沉降效果明显，最终试验以全矿浆前 15 h 的平均沉降速度作为试验沉降效果进行评价。

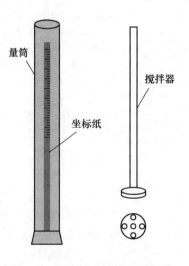

图 2.2　沉降试验量筒和搅拌器

$$v_{15\ h} = \frac{h_{15}}{15} \tag{2.4}$$

式中，$v_{15\ h}$ 为前 15 h 平均沉降速度，cm/h；h_{15} 为第 15 h 时固液分界液面沉降高度，cm。

2.3.4 Zeta 电位测试

将样品在玛瑙研锅中充分研磨至 -5 μm 后，称取 0.2 g 作为待测样品置于烧杯中，加入 40 mL 蒸馏水，使用磁力搅拌器将其充分搅拌 5 min，后取适量溶液置于电泳槽中，采用 JS94H 型电泳仪对溶液进行 Zeta 电位检测。

2.3.5 浊度测试

称取一定质量的辉钼矿分别与 4 种脉石矿物按 1 : 1 的质量比混合置于浮选槽中，加入 40 mL 蒸馏水，用与单矿物浮选时相同的转速搅拌 5 min，随后静止 5 min，使用移液管抽取上层悬浊液 10 mL，采用 ZD-10A 微机型便携式浊度仪进行浊度测试。

2.3.6 表面张力与接触角测定

采用 QBZY-2 全自动表面张力仪测定溶液表面张力，采用德国 K100 全自动表面张力仪测量矿物接触角。将所需测量的药剂按照一定的量加入到 100 mL 蒸馏水中，然后用磁力搅拌器以 600 r/min 的速度搅拌 5 min。之后，将待测溶液置于表面张力测试仪中，进行表面张力的测定。将待测样品与溶液分别放入指定容器后，并将矿物样品压实，然后将它们分别置于表面张力仪中，固定位置，利用拉环法测量样品在对应溶液中的前进角，即为该样品与在对应溶液中的接触角。

2.3.7 激光粒度分析

将预进行激光粒度分析的待测样品分别于超声清洗机 240 W 功率中超声 0 min、2 min、10 min 后，过滤并采用真空烘箱烘干。待样品干燥完全，按试验流程和样品编号放入 Mastersizer 2000 激光粒度仪中进行测试，运行 sop 测试程序测量样品的粒径变化。

2.3.8 扫描电镜

将预进行扫描电镜的待测样品分别于超声清洗机 240 W 功率中超声 0 min、2 min、10 min 后，过滤并采用真空烘箱烘干。待样品干燥完全，按试验流程和样品编号采用德国 ZEISS Sigma 300 扫描电子显微镜进行辉钼矿的表面形貌分析。

2.3.9　聚集光束反射测量

　　该试验采用瑞士 Mettler-Toledo FBRM 和在线颗粒成像分析仪（PVM）研究矿浆中颗粒分散团聚的过程，监测无定形二氧化硅含量改变后团聚体的实时变化，如图 2.3 所示。将 200 mL 含有无定形二氧化硅的辉钼矿矿浆倒入 500 mL 的容器中，使矿浆液面高于搅拌转子与检测探头，用四叶涡轮转子（叶片 2.15 cm × 0.8 cm，角度 45°，轴直径 0.8 cm）进行搅拌。将 FBRM 探头和 PVM 探头放到矿浆中后，开启搅拌装置，经过前期探索试验可得：FBRM 粒度分析仪中转速调为 170 r/min，相当于浮选试验中 1999 r/min，开始运行聚焦光束反射测量，进行预搅拌 3 min，待体系稳定后，开始每 10 s 进行一次弦长采集，弦长可简化定义为颗粒或颗粒结构的一边到另一边的直线距离。一般情况下，每秒测量数千个单个弦长，并形成由 FBRM 基本测量获得的弦长分布。弦长分布作为颗粒体系的"指纹式"表征，能实时监测颗粒粒径与粒数的变化，从而被用来研究絮体粒径的变化。测得颗粒的弦长按照数量的比例进行加权平均得到平均加权弦长，使用的公式为：

$$\bar{l} = \frac{l_1 x_1 + l_2 x_2 + \cdots + l_n x_n}{x_1 + x_2 + \cdots + x_n} = \frac{\sum\limits_1^n l_i x_i}{\sum\limits_1^n x_i} \tag{2.5}$$

式中，$\bar{l}$ 为颗粒平均加权弦长，μm；l_i 为第 i 个弦长（$i = 0, 1, 2, 3, \cdots, n$），μm；$x_i$ 为第 i 个弦长所对应的颗粒数（$i = 0, 1, 2, 3, \cdots, n$）。

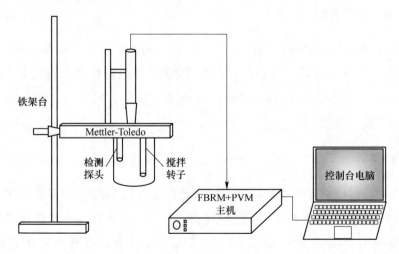

图 2.3　聚集光束反射测量系统

2.3.10 泡沫稳定性试验

采用气流法测量泡沫稳定性，本试验使用自制装置进行测量，如图2.4所示。为确保起泡前容器壁保持干燥，需通过长颈漏斗伸向容器底部向容器中加入矿浆。试验时，以恒定的充气量通过底部有机砂滤板向容器内充气，一段时间后停止充气，立即测量产生的泡沫体积（即高度）作为矿浆起泡性的量度。记录下泡沫衰减到原来高度的一半时所需的时间 $t_{1/2}$，用于表征泡沫的稳定性。本试验矿浆浓度（质量浓度）为30%，人工混合矿物与浮选相同。用长颈漏斗向装置内加入200 mL矿浆，充气使泡沫层到达最大高度，立即停止充气，同时记录泡沫层最大高度和泡沫半衰期。

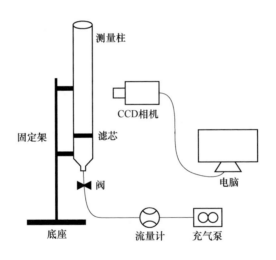

图2.4 气流法测量泡沫稳定性示意图

2.3.11 泡沫均匀性试验

在2.3.1.2节相同条件下进行浮选试验，试验选择 RK/FD-1.0 L浮选机，采用高速摄像机放置在浮选槽上方，对浮选机特定区域的气泡进行拍摄。在高速摄像机拍摄的视频中选取含有不同无定形二氧化硅含量的浮选泡沫稳定且同一特定时间的图片，利用分水岭法将所拍摄的气泡照片进行处理，得到轮廓清晰的泡沫图像，利用图像分析软件 Image-J 测量相同像素下气泡的数量及气泡尺寸的均值，用于表征气泡的均匀性。测量泡沫均匀性的示意图如图 2.5 所示。

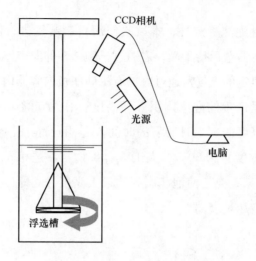

图 2.5　测量泡沫均匀性示意图

3 原矿矿物组成及性质分析

在实际生产中，由于矿石中含有具有不同性质的各类矿物，磨矿时不能将它们破碎至完全一样的状态，各种矿物呈现出不同的粒级分布，而矿物的不同粒级会对后续浮选产生不同的影响。而对于钼矿石，其浮选一般流程为阶段磨矿阶段选别，这种现象就尤为明显。因此本章通过分析金堆城钼矿矿物组成及其易磨程度，明确了细粒硅酸盐脉石矿物产生的原因；并对陕西3个地区钼矿中无定形二氧化硅含量进行定量分析，明确细粒无定形二氧化硅产生的原因，为后续研究提供思路。

3.1 金堆城钼矿矿物组分及易磨程度分析

3.1.1 钼矿矿物组成

为了确定所选钼矿的主要脉石矿物，对其进行了 XRD 检测，检测结果如图 3.1 所示，并对 XRD 数据进行拟合，得出各矿物含量（质量分数），见表 3.1。根据原矿 XRD 图谱及 X 射线衍射分析结果可知，实际矿物中含量较多的脉石矿物为石英和云母，还有少量的长石及绿泥石。因此本试验主要选择石英、白云母、钾长石和绿泥石作为对象，探索这 4 种主要脉石矿物对辉钼矿浮选的影响。本章主要分析钼矿石及其主要脉石矿物的易磨程度。

表 3.1 原矿 XRD 分析结果

矿物	石英	云母	黄铁矿	长石	绿泥石	萤石	其他
质量分数/%	41.53	47.12	1.80	5.61	1.32	0.74	1.88

3.1.2 脉石矿物晶体结构

矿石破碎的难易程度主要取决于矿石物料的物理性质、矿石的结构特性和结晶形态[66-67]。

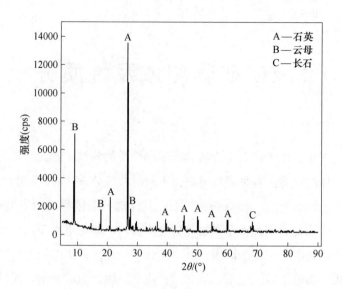

图 3.1　原矿 XRD 图谱

3.1.2.1　白云母晶体结构

云母族矿物属层状铝硅酸盐矿物，其形貌多以片状为主、少量可见粒状。云母的层状晶体结构单元层为 2 : 1(T-O-T) 型，T 层［SiO$_4$］硅氧四面体共 3 个角顶成六方网层，第 4 个角顶（活性氧）朝向同一方向[68]。在［SiO$_4$］硅氧四面体所组成的六方网孔中心、与活性氧同高度处存在一个 OH。两个 T 层活性氧相向、错开一定距离做紧密堆积，阳离子充填八面体空隙，形成 O 层。其中白云母属于单斜晶系，晶体多为片状、板状，具有玻璃光泽[69]，硬度为 2 ~ 3，密度为 2. 76 ~ 3. 10 g/cm^3，理论化学式为 KAl$_2$［AlSi$_3$O$_{10}$］(OH)$_2$。上下两层四面体中的活性氧与八面体层的（OH）上下相向，作最紧密堆积，最终形成 TOT 层。白云母的硅氧四面体和铝氧八面体本身结合非常牢固，层间的钾离子层在两个复式硅氧层间的联结比较微弱，因而云母晶体很容易沿钾离子所在的平面分剥开来，所在平面方向具有极完全解理性。

3.1.2.2　石英晶体结构

石英硬度为 7，相对密度为 2. 65 g/cm^3，化学成分是二氧化硅，化学式为 SiO$_2$，属于单质晶体，呈规则的六边形排列，属于六方晶系，呈空间网状结构分布。晶体中 Si 原子与周围 4 个氧原子（在四面体顶点方向）成键。石英晶体结构中，[SiO₄] 四面体均以其 4 个角顶上的 O^{2-} 分别与相邻的 [SiO₄] 四面体共用而联结成三维空间无限延伸的架状结构，结构中的硅与周围的 4 个氧均以原子键结合，其中 60% 是共价键，40% 是离子键，且各向键力相等，解离时大量的 Si—O 键断裂，矿物表面暴露大量的含有活泼的 SiOH 和 SiO⁻ 区域，表面带负电性。

3.1.2.3　绿泥石晶体结构

绿泥石是 2∶1 型的层状硅酸盐矿物，其晶体结构相当于 TOT 三层型结构单元与一个氢氧镁石层交错排列而成，该层中有 1/3 的 Mg^{2+} 被 Al^{3+} 所替换，而产生一个带正电的 $[Mg_2Al(OH)_2]^+$ 层[70]。绿泥石解离后，表面存在氢氧镁石层破裂的键，使矿物表面具有交错带电的碎面，从而使离子捕收剂更容易吸附，故绿泥石可浮性较好而且有较大的浮选范围[71]。绿泥石晶体呈假六方片状或板状，薄片具挠性，集合体呈鳞片状，解理完全，参差状断口。硬度为 2 ~ 3，密度为 2.6 ~ 3.3 g/cm³。绿泥石晶体化学式为 $(Mg,Fe,Al)(OH)_6\{(Mg,Fe,Al)_3[(Si,Al)_4O_{10}](OH)_2\}$，其中 Mg 和 Fe 以类质同象的形式存在，各地绿泥石的性能和化学成分也存在较大差异[72]。

3.1.2.4　长石晶体结构

钾长石硬度为 6，密度为 2.54 ~ 2.57 g/cm³，理论化学式为 $KAlSi_3O_8$，晶体结构为 4 个氧原子以 1 个铝或硅为中心环绕构成铝氧/硅氧四面体结构，且每一个氧原子会被其周围两个相邻四面体结构共用，它们通过 4 方环链方式彼此连接构成三维架状骨架[73]。由于 Al^{3+}、Si^{4+} 的电荷差，架状结构框架之间往往存在较大空隙，为达到平衡，带有正电荷的 K^+、Na^+、Li^+、Ca^{2+}、Ba^{2+} 会填充这些空隙。钾长石晶形呈短柱状和厚板状，具备 {001} 和 {010} 两种解离，单斜晶系钾长石解离面垂直，三斜晶系钾长石解离面近于垂直[74]。

3.1.3　易磨程度分析

3.1.3.1　钼矿石易磨程度分析

为了确定所选钼矿石是否易于产生细粒矿物，对其进行了粒度分布曲线的绘制，试验结果如图 3.2 所示。

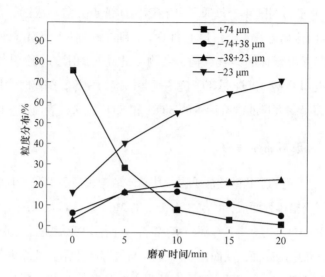

图 3.2　钼矿石粒度分布曲线

从钼矿石的粒度分布曲线（图 3.2）可以看出，随着磨矿时间的增加，矿石中 +74 μm 粒级的矿物含量不断减少，−74 +38 μm 粒级的矿物含量先增加后减少，−38 +23 μm 粒级与 −23 μm 粒级的矿物含量逐渐增加，且 −23 μm 粒级的矿物含量增加更为显著。从钼矿石 +74 μm 粒级矿物减少的幅度可以看出，当磨矿时间由 0 min 增长到 10 min，+74 μm 粒级矿物含量（质量分数）由 75% 降低到不足 10%，含量减少十分迅速，说明钼矿石本身是易破碎的。从钼矿石 −23 μm 粒级矿物的增加可以看到，虽然磨矿时间并不算特别长，只有 20 min，但钼矿石中 −23 μm 粒级矿物的含量（质量分数）由初始的 16% 增加到 71%，说明钼矿石在磨矿过程中易细化，成为微细颗粒，产生细粒脉石矿物，对后续浮选产生影响。

3.1.3.2　脉石矿物易磨程度分析

为了确定所选钼矿 4 种主要脉石矿物石英、白云母、钾长石和绿泥石的易磨程度及这 4 种脉石矿物变细的速度的相对大小，针对性地对这 4 种脉石矿物进行单矿物磨矿细度试验，试验结果如图 3.3 和图 3.4 所示。图 3.3 给出了选用的辉钼矿实际矿中的主要脉石矿物的单矿物磨矿曲线（−38 μm）。从图 3.3 中可以看出，随着磨矿时间的增加，曲线表现出含量上升幅度逐渐减缓的趋势，符合磨矿规律。在整个磨矿时间内，石英的 −38 μm 含量（质量分数）增加了近 50 个

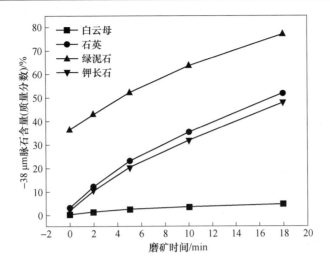

图 3.3　不同脉石矿物单矿物磨矿细度曲线 （-38 μm）

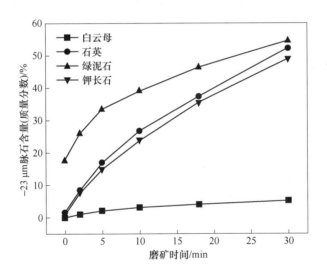

图 3.4　不同脉石矿物单矿物磨矿细度曲线 （-23 μm）

百分点，钾长石的 -38 μm 含量（质量分数）增加了近 45 个百分点，绿泥石的 -38 μm 含量（质量分数）增加了近 40 个百分点，而白云母的 -38 μm 含量（质量分数）仅增加了不到 5 个百分点。图 3.4 给出了选用的辉钼矿实际矿中的主要脉石矿物的单矿物磨矿曲线 （-23 μm）。由图 3.4 可知，在整个磨矿时间内，石英和钾长石的 -23 μm 含量（质量分数）增加了近 50 个百分点，绿泥石的 -23 μm 含量（质量分数）增加了近 40 个百分点，而白云母的 -23 μm 含量

（质量分数）仅增加了近 5 个百分点。这两个图像均表明了石英、钾长石和绿泥石较易磨细及白云母的不易磨。

通过固定不同脉石矿物的 $-38~\mu m$ 或 $-23~\mu m$ 含量对比相同时间内的含量增加多少可以看出不同脉石矿物之间大概的磨细难易程度大小。由图 3.3 结果可知，在不同磨矿时间条件下，各脉石矿物 $-38~\mu m$ 含量的变化幅度绿泥石 > 石英 > 钾长石 > 白云母，表现出明显的差异。而由图 3.4 结果可知，在绿泥石 $-23~\mu m$ 含量（质量分数）小于 35% 时，脉石矿物 $-23~\mu m$ 含量的变化幅度也是绿泥石 > 石英 > 钾长石 > 白云母，但当绿泥石 $-23~\mu m$ 含量（质量分数）大于 35% 后，脉石矿物 $-23~\mu m$ 含量变化幅度发生了变化，变成了石英 > 钾长石 > 绿泥石 > 白云母，这里判断可能是绿泥石泥化程度较大，导致其后续变细困难。综合分析 $-38~\mu m$ 和 $-23~\mu m$ 的脉石矿物单矿物磨矿细度曲线，对 4 种脉石矿物的易磨程度做出了初步判断，即从细化的难易程度来看，易磨程度为绿泥石、石英、钾长石和白云母。

球磨时，矿物因受到钢球的冲击和研磨而破碎。结合 3.1.2 节提到的脉石矿物的晶体结构进行分析。白云母晶体为片状结构，沿平面解离，其硬度虽不高，但其结果对冲击和研磨均有抵抗性，并且其平面解离也不易过筛，因此其磨矿曲线细度变化较小。石英与钾长石晶体为架状结构，且两者硬度相近，均为 6 ~ 7，因此在磨矿过程中两者的磨矿曲线相似且接近，又由于石英相对于钾长石解离更完全，各个方向均易发生解离，而钾长石更易垂直解离，因此在磨矿曲线中石英细度变化相比于钾长石更明显。绿泥石晶体为假六方片状或板状，解理完全，硬度仅 2 ~ 3，在冲击中极易被破碎，但它的片状或板状结构对于研磨有一定的抵抗性，因此绿泥石在较粗时极易破碎，而在成为细粒后又相对难以进一步磨细，因此磨矿曲线在细粒含量较低时，绿泥石累计筛下产率增长极为迅速，而在细粒含量较高后，曲线增长率较石英和长石偏低。

3.2　陕西典型钼矿中无定形二氧化硅的定量分析

3.2.1　无定形二氧化硅定量分析方法

本节采用 X 射线衍射法与工艺矿物学参数定量分析（MLA）相结合的方法对矿石中无定形二氧化硅的含量进行检测。目前，用 X 射线衍射法计算晶态矿物的相对含量已被大家广泛接受并应用。工艺矿物学参数定量分析相对来说则还是一项较新的应用技术。

MLA650 采用高分辨、多用途扫描电镜。其结合双探头高速、高能量 X 射线能谱仪作为系统的主要硬件。由于 MLA650 的场发射扫描电镜工作功率大、扫描图像清晰且分辨率高，结合双探头高速、高能量 X 射线能谱仪，MLA650 可一次对多个样品进行不同形式的矿物参数自动定量分析，分析速度快且精度高。

工艺矿物学参数定量分析的优点在于采用电子探针分析。电子探针分析的原理是：以动能为 10 ~ 30 keV 的细聚焦电子束轰击试样表面，击出表面组成元素的原子内层电子，使原子电离，此时外层电子迅速填补空位而释放能量，从而产生特征 X 射线。简单地说，工艺矿物学参数定量分析是用不同矿物产生不同的 X 射线能谱的原理定量计算样品中的矿物含量，显然要比以不同矿物对 X 射线产生不同范围的衍射这一物理现象为原理的全岩矿物 X 射线衍射实验计算的矿物含量更精确。

工艺矿物学参数定量分析是以特征 X 射线确定元素种类，进而确定矿物。因此，以石英为例，该方法计算得到的应该是二氧化硅的相对含量，既包括晶态石英，也包括无定形二氧化硅。该方法是基于物理学原理，因此避免了化学溶蚀，又不用额外配制标样，而且避免了直接计算非晶态二氧化硅含量，工艺矿物学参数定量分析得到了二氧化硅的相对含量，而 X 射线衍射实验得到了石英晶体的相对含量。这两种方法结合可得到无定形二氧化硅的相对含量。

该方法计算无定形二氧化硅含量的公式如下：

$$w_{aSiO_2}^2 + \left[\frac{w_{X\text{-}SiO_2} \times \rho_{aSiO_2}}{\rho_{SiO_2}} - \frac{V_{SiO_2} \times \rho_{aSiO_2}}{\rho_{样品} \times (1 - w_{X\text{-}SiO_2})} + \frac{w_{X\text{-}SiO_2}}{1 - w_{X\text{-}SiO_2}}\right] \times w_{aSiO_2} +$$

$$\frac{w_{X\text{-}SiO_2} \times \rho_{aSiO_2}}{1 - w_{X\text{-}SiO_2}} \times \left(\frac{w_{X\text{-}SiO_2}}{\rho_{SiO_2}} - \frac{V_{SiO_2}}{\rho_{样品}}\right) = 0 \qquad (3.1)$$

式中，w_{aSiO_2} 为无定形二氧化硅的质量分数，%；$w_{X\text{-}SiO_2}$ 为 X 射线衍射实验测得晶态石英的质量分数，%；V_{SiO_2} 为工艺矿物学参数定量分析测得二氧化硅矿物（包括石英和无定形二氧化硅）的体积，cm^3；ρ_{aSiO_2} 为无定形二氧化硅的密度，g/cm^3；ρ_{SiO_2} 为石英的密度，g/cm^3；$\rho_{样品}$ 为矿样的密度，g/cm^3。

3.2.2　华阴市文公岭钼矿

3.2.2.1　矿石中无定形态二氧化硅的定量分析

利用比重法（见式（3.2））对文公岭钼矿矿样的密度进行测定，结果见表3.2。

$$\delta = \frac{G\Delta}{G_1 + G - G_2} \tag{3.2}$$

式中，δ 为试样密度；G 为试样干重，g；Δ 为介质密度；G_1 为瓶、水合重，g；G_2 为瓶、水、样合重，g。

表 3.2　文公岭钼矿比重试验结果

矿样	G	Δ	G_1	G_2	$\delta/\text{g} \cdot \text{cm}^{-3}$
矿样 1	5.0027	1	10.3555	13.3658	2.5109
矿样 2	5.0034	1	10.3663	13.3697	2.5017
矿样 3	5.0003	1	10.2480	13.2683	2.5255
均值					2.5127

由表 3.2 可知，文公岭钼矿的密度为 2.5127 g/cm³。通过 X 射线衍射法与工艺矿物学参数定量分析对文公岭钼矿进行检测并将测得参数代入式（3.1）进行计算，得出该矿中无定形二氧化硅含量，结果见表 3.3。

表 3.3　文公岭钼矿的无定形二氧化硅含量计算结果

参　　　数	测量结果
晶态石英的质量分数 $w_{\text{X-SiO}_2}/\%$	28.13
二氧化硅矿物体积 $V_{\text{SiO}_2}/\text{cm}^3$	28.50
矿样密度 $\rho/\text{g} \cdot \text{cm}^{-3}$	2.61
无定形二氧化硅的密度 $\rho_{\text{aSiO}_2}/\text{g} \cdot \text{cm}^{-3}$	2.09
石英的密度 $\rho_{\text{SiO}_2}/\text{g} \cdot \text{cm}^{-3}$	2.22
无定形二氧化硅质量分数 $W_{\text{aSiO}_2}/\%$	13.95

由表 3.3 可知，若无定形二氧化硅密度用平均密度 2.09 g/cm³，石英矿物平均密度用 2.22 g/cm³ 计算，华阴市文公岭钼矿中无定形二氧化硅质量分数为 13.95%。

3.2.2.2　嵌布特征

辉钼矿呈细片状，挠曲现象普遍，解理发育，主要呈团块状、稠密浸染状-浸染状、细脉状、星散状等分布，如图 3.5 所示。部分辉钼矿与金属矿物关系比较密切，需要多段磨矿才能使辉钼矿充分单体解离。

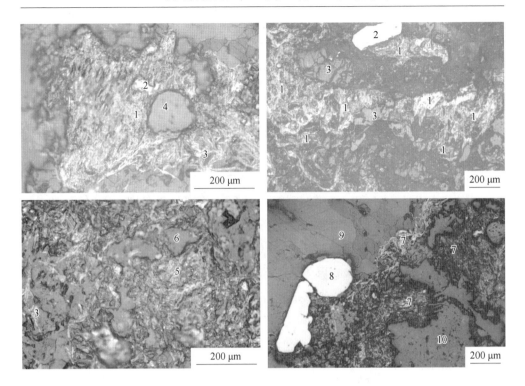

图 3.5 华阴市公文岭钼矿中辉钼矿的嵌布特征

1—辉钼矿+氧化钼(钼华);2—方铅矿;3—细片状辉钼矿;4—磷钇矿;5—辉钼矿集合体;

6—石英;7—辉钼矿;8—黄铁矿;9—方解石脉;10—围岩

3.2.3 金堆城钼矿南、北露天矿

3.2.3.1 矿石中无定形态二氧化硅的定量分析

利用比重法（见式（3.2））对金堆城钼矿南、北露天矿矿样的比重进行测定，结果见表 3.4 和表 3.5。

表 3.4 南露天矿比重试验结果

矿样	G/g	Δ	G_1/g	G_2/g	δ/g·cm^{-3}
矿样 1	5.0009	1	10.3493	13.3958	2.5588
矿样 2	5.0004	1	10.3563	13.3897	2.5421
矿样 3	5.0007	1	10.3312	10.3583	2.5338
均值					2.5449

表 3.5　北露天矿比重试验结果

矿样	G/g	Δ	G_1/g	G_2/g	$\delta/g \cdot cm^{-3}$
矿样 1	5.0010	1	10.0021	13.2201	2.8048
矿样 2	5.0005	1	9.9901	13.1972	2.7883
矿样 3	5.0013	1	9.9968	13.1987	2.7794
均值					2.7908

由表 3.4 和表 3.5 可知，金堆城钼矿南、北露天矿的密度分别为 2.5127 g/cm³、2.7908 g/cm³。通过 X 射线衍射法与工艺矿物学参数定量分析对金堆城钼矿南、北露天矿进行检测并将测得参数代入式（3.1）进行计算，得出该矿中无定形二氧化硅含量，结果见表 3.6 和表 3.7。

表 3.6　南露天矿矿样的无定形二氧化硅含量

参　　数	测量结果
晶态石英的质量分数 $w_{X\text{-}SiO_2}/\%$	70.14
二氧化硅矿物体积 V_{SiO_2}/cm^3	76.50
矿样密度 $\rho/g \cdot cm^{-3}$	2.54
无定形二氧化硅的密度 $\rho_{aSiO_2}/g \cdot cm^{-3}$	2.09
石英的密度 $\rho_{SiO_2}/g \cdot cm^{-3}$	2.22
无定形二氧化硅质量分数 $w_{aSiO_2}/\%$	4.74

表 3.7　北露天矿矿样的无定形二氧化硅含量计算结果

参　　数	测量结果
晶态石英的质量分数 $w_{X\text{-}SiO_2}/\%$	51.28
二氧化硅矿物体积 V_{SiO_2}/cm^3	53.50
矿样密度 $\rho/g \cdot cm^{-3}$	2.79
无定形二氧化硅的密度 $\rho_{aSiO_2}/g \cdot cm^{-3}$	2.09
石英的密度 $\rho_{SiO_2}/g \cdot cm^{-3}$	2.22
无定形二氧化硅质量分数 $w_{aSiO_2}/\%$	17.34

若无定形二氧化硅密度用平均密度 2.09 g/cm³，石英矿物平均密度用

2.22 g/cm³ 计算，金堆城钼矿南、北露天矿中无定形二氧化硅质量分数分别为 4.74%、17.34%。

3.2.3.2 嵌布特征

辉钼矿在矿石中的嵌布类型主要有 4 种，如图 3.6 所示。

（1）单晶片呈星点状-星散状分布：辉钼矿主要分布于石英粒间或岩石裂隙中，这种嵌布关系主要分布于低品位贫矿石中，分布于 20% ~30% 的矿石中，给磨矿带来较大难度，要使其完全解理需磨矿粒度较细。

（2）呈集合体状分布于脉石矿物粒间或岩石破碎带中：分布于 35% ~45% 的矿石中，这部分矿石在粗磨解离后得到辉钼矿集合体，通过浮选可以得到品位不太高的钼精矿，再对钼精矿细磨，脉石解离，使钼精矿品位提高。

（3）呈稀疏浸染-浸染状分布于脉石矿物粒间：主要分布于石英粒间或岩石构造破碎带中，此嵌布类型占矿石的 10% ~15%。

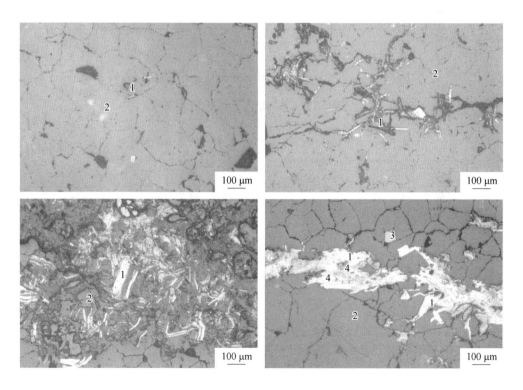

图 3.6　金堆城钼矿南、北露天矿中辉钼矿的嵌布特征

1—辉钼矿；2—石英；3—铜蓝；4—黄铜矿

（4）呈脉状分布于岩石裂隙中。分布于 8% ~ 10% 的矿石中，这种矿石中的辉钼矿单晶片间连生紧密，脉石矿物较少，需要磨矿较粗。

3.2.4　洛南县黄龙铺西沟钼矿

3.2.4.1　矿石中无定形态二氧化硅的定量分析

利用比重法对洛南县黄龙铺西沟钼矿的比重进行测定，结果见表 3.8。

表 3.8　黄龙铺西沟钼矿比重试验结果

矿样	G/g	Δ	G_1/g	G_2/g	$\delta/g \cdot cm^{-3}$
矿样 1	5.0011	1	10.3555	13.5258	2.7317
矿样 2	5.0007	1	10.3663	13.5297	2.7217
矿样 3	5.0005	1	10.2479	13.4083	2.7174
均值					2.7236

由表 3.8 可知，洛南县黄龙铺钼矿的密度为 2.7236 g/cm^3。通过 X 射线衍射法与工艺矿物学参数定量分析对黄龙铺钼矿进行检测并将测得参数代入式（3.1）进行计算，得出该矿中无定形二氧化硅含量，结果见表 3.9。

表 3.9　黄龙铺西沟钼矿的无定形二氧化硅含量计算结果

参　数	测量结果
晶态石英的质量分数 $w_{X-SiO_2}/\%$	70.36
二氧化硅矿物体积 V_{SiO_2}/cm^3	78.30
矿样密度 $\rho/g \cdot cm^{-3}$	2.72
无定形二氧化硅的密度 $\rho_{aSiO_2}/g \cdot cm^{-3}$	2.09
石英的密度 $\rho_{SiO_2}/g \cdot cm^{-3}$	2.22
无定形二氧化硅质量分数 $w_{aSiO_2}/\%$	9.31

由表 3.9 可知，若无定形二氧化硅密度用平均密度 2.09 g/cm^3，石英矿物平均密度用 2.22 g/cm^3 计算，洛南县黄龙铺西沟钼矿中无定形二氧化硅质量分数为 9.31%。

3.2.4.2 嵌布特征

黄龙铺西沟辉钼矿呈单晶片状、细条状、细片状集合体，花瓣状，网脉状等，在矿石中主要呈星散状-浸染状分布，局部为堆状、团块状、带状分布（见图 3.7）。

（1）辉钼矿呈星点状、星散状分布。呈星点状-星散状的辉钼矿主要分布于以石英为主的非金属矿物间，部分位于岩石裂隙中。这部分辉钼矿粒度较细，要使其完全解离，需要细磨。

（2）辉钼矿呈稀疏浸染状、浸染状、团块状、脉状、带状等分布。这部分辉钼矿要使其完全解离，需要多段磨矿解离，首先粗磨将辉钼矿集合体与黄铁矿、石英等分离；再细磨将包裹于辉钼矿集合体中的这部分非金属矿物、方铅矿及铅矾等解离出来。

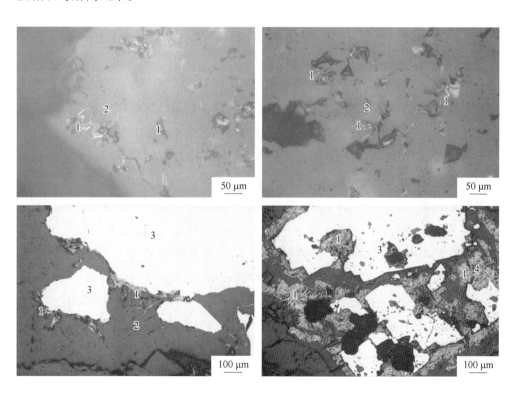

图 3.7 洛南县黄龙铺西沟钼矿中辉钼矿的嵌布特征

1—辉钼矿；2—石英；3—黄铁矿；4—非金属矿物

4　细粒硅酸盐脉石矿物对矿浆流变特性的影响

由第3章金堆城钼矿各矿物的易磨程度可知，钼矿石在较短的磨矿时间内就能产生较多的细粒矿物，并且它们的含量和细度会随着磨矿的进行进一步增加。基于此，本章借助浮选试验、矿浆表观黏度测试、动电位检测和浊度测试等手段，分析了白云母、石英、绿泥石和钾长石这4种钼矿石的主要脉石矿物细粒含量及细度的变化对辉钼矿浮选及其流变特性的影响。

4.1　脉石矿物对辉钼矿浮选指标的影响

由于要确保混合矿初始钼品位一致，且4种脉石矿物中石英是硫化矿浮选中普遍存在且对浮选影响最小的矿物，因此以 $-74+38~\mu m$ 辉钼矿和石英组成的混合矿为对象，在柴油用量为 100 mg/L，2号油用量为 40 mg/L 的条件下，探究了白云母、石英、绿泥石和钾长石这4种脉石矿物的含量和细度对辉钼矿浮选的影响。脉石矿物含量影响试验中，固定辉钼矿含量（质量分数）为10%，添加的各脉石矿物细度为 $-38+23~\mu m$，即当脉石矿物含量为零时，混合矿由10%的辉钼矿（$-74+38~\mu m$）和90%的石英（$-74+38~\mu m$）组成；当脉石矿物含量为10%时，混合矿由10%的辉钼矿（$-74+38~\mu m$）、80%的石英（$-74+38~\mu m$）和10%的细粒脉石矿物（$-38+23~\mu m$）组成，以此类推。

细度影响试验是在固定辉钼矿含量为10%、石英含量为60%和脉石矿物含量为30%的条件下进行的，探究了不同脉石矿物细度对辉钼矿浮选指标的影响。

4.1.1　白云母影响试验

白云母含量和细度对精矿中钼品位和回收率的影响如图4.1所示。从图4.1(a)中可以看出，随着混合矿中白云母含量的增加，精矿中钼品位逐渐降低，整体降低了近5个百分点；而混合矿的浮选回收率在白云母含量由0增加至30%时，由

84%提高到93%，呈现出明显增加的趋势，当白云母含量进一步增加到40%时，混合矿钼回收率变化趋势不明显。由图4.1（b）可知，当白云母粒度较粗（−150＋106 μm）时，精矿中钼品位和回收率均较高，分别为47%和92%。而当白云母细度逐渐变细后，可以看出混合矿钼回收率变化并不显著，均维持在90%左右，但精矿中钼品位相较于较粗粒级有所下降。

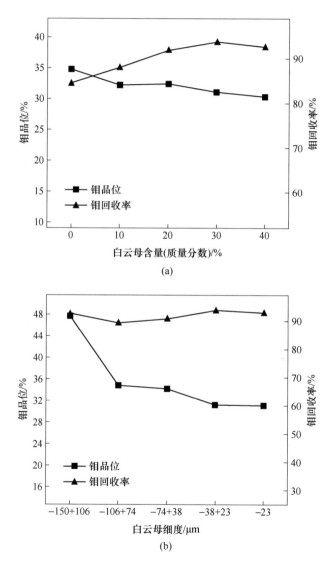

(a)

(b)

图4.1 白云母含量和细度对精矿中钼品位和回收率的影响

（a）白云母含量；（b）白云母细度

4.1.2 石英影响试验

石英含量和细度对精矿中钼品位和回收率的影响如图 4.2 所示。从图 4.2 (a) 中可以看出，当细粒石英含量由 0 增加至 40% 时，混合矿钼品位和回收率变化趋势不明显，分别在 34% 和 84% 左右。从图 4.2(b) 中可知，添加不同细度的石英，混合矿浮选精矿中钼品位和回收率均没有产生比较明显的变化，说明细粒石英的添加对辉钼矿浮选影响较小。

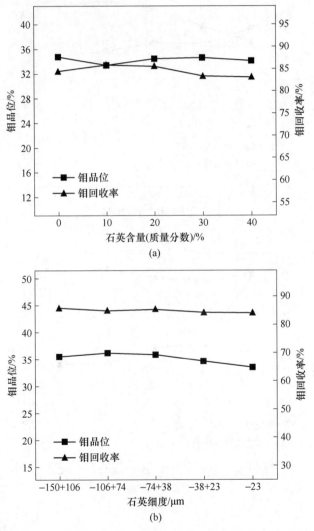

图 4.2　石英含量和细度对精矿中钼品位和回收率的影响

（a）石英含量；（b）石英细度

4.1.3　绿泥石影响试验

绿泥石含量和细度对精矿中钼品位和回收率的影响如图4.3所示。从图4.3(a)中可以看出，当细粒绿泥石含量由0上升至40%时，辉钼矿浮选指标明显下降，钼品位和钼回收率分别由34%和84%降低至27%和73%。从图4.3(b) 中可以看出，随着绿泥石细度的降低，浮选精矿中钼品位和钼回收率均逐渐下降。

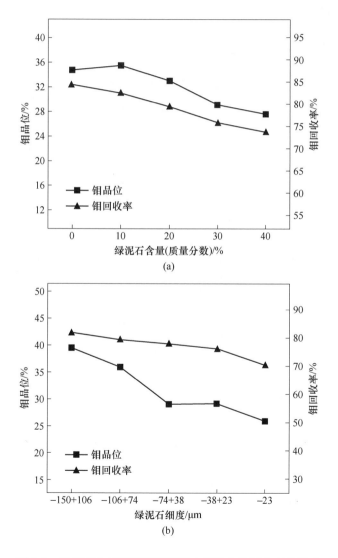

图4.3　绿泥石含量和细度对精矿中钼品位和回收率的影响

（a）绿泥石含量；（b）绿泥石细度

4.1.4 钾长石影响试验

钾长石含量和细度对精矿中钼品位和回收率的影响如图4.4所示。从图4.4(a)中可以看出，当细粒钾长石含量由 0 上升至 40% 时，精矿中钼品位变化幅度较小，而钼回收率则有所上升，由 84% 提高至 90%。从图4.4(b) 中可以看出，随着钾长石细度的减小，浮选精矿中钼品位并无明显变化，而钼回收率则呈现出先升高后降低的趋势。

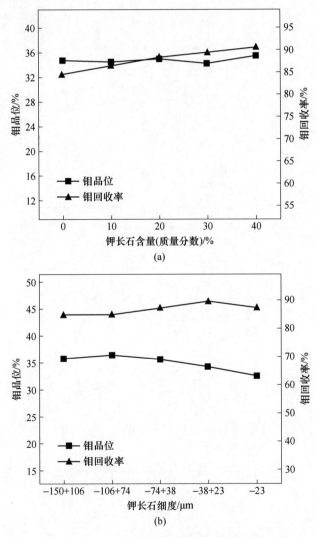

图4.4 钾长石含量和细度对精矿中钼品位和回收率的影响

(a) 钾长石含量；(b) 钾长石细度

4.1.5 对比分析

通过图 4.1~图 4.4 可以看出，当细粒含量由 0 增加到 40% 时，白云母使钼品位下降 5 个百分点，钼回收率提高 9 个百分点；石英变化不显著；绿泥石使钼品位下降 7 个百分点，钼回收率下降 11 个百分点；钾长石对钼品位影响不大，使钼回收率提高 6 个百分点。当脉石细度由 -150 +106 μm 减小到 -23 μm 时，白云母使钼品位下降 16 个百分点，对钼回收率影响不大；石英变化不显著；绿泥石使钼品位下降 13 个百分点，钼回收率下降 11 个百分点；钾长石对钼品位影响不大，使钼回收率提高 5 个百分点。对比分析 4 种脉石矿物对辉钼矿浮选指标的影响，发现绿泥石的影响最大，白云母次之，其次为钾长石，石英基本无影响。

结合第 3 章脉石矿物的易磨程度规律，发现绿泥石不仅最易磨细，并且细度的改变对辉钼矿浮选指标的影响最大；石英易磨程度不低但对浮选影响不大；钾长石易磨且细度的改变对浮选影响较大；而白云母虽不易磨，但细度变细后对浮选影响不小。

4.2 脉石矿物对辉钼矿浮选影响的流变学机理分析

4.2.1 脉石矿物的流变学影响

矿浆是矿物颗粒与水组成的非均相固液悬浮液，流变学分析可以很好地揭示矿浆中颗粒间的相互作用和聚集程度[75]。选取 -74 +38 μm 辉钼矿和石英组成的混合矿为对象，探究各脉石矿物的含量和细度对人工混合矿浮选矿浆流变特性的影响。表观黏度分析试验配比与浮选试验一致。

4.2.1.1 白云母的影响

白云母含量和细度对混合矿矿浆表观黏度的影响如图 4.5 所示。从图 4.5(a) 中可以看出，对于加入细粒白云母的混合矿矿浆而言，细粒白云母的加入对混合矿矿浆流变性影响较大，随着其在混合矿中含量的增加，混合矿矿浆中的内摩擦效应增大，混合矿矿浆表观黏度随之增大，当白云母含量由 0 增加到 40% 时，混合矿矿浆表观黏度由 134 mPa·s 增加到了 140 mPa·s，增长显著。

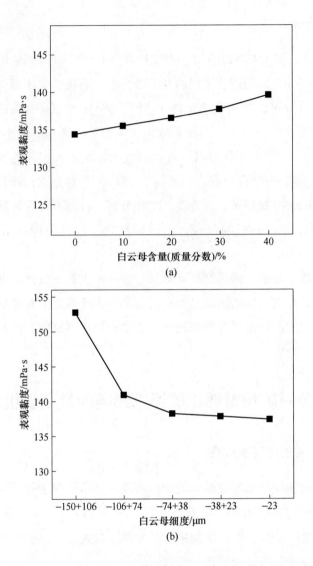

图 4.5 白云母含量和细度对混合矿矿浆表观黏度的影响

(a) 白云母含量；(b) 白云母细度

结合图 4.1(a) 综合分析可知，矿浆中细粒白云母含量的增加增大了混合矿矿浆的表观黏度，而矿浆黏度的适度增加有利于矿物回收[76]，因此辉钼矿的回收率有所提高。但矿浆黏度的增大也增强了泡沫的稳定性，白云母发生泡沫夹带的概率也随之增加，造成辉钼矿精矿钼品位的降低[77]。

从图 4.5(b) 中可以看出，对于白云母，随着其细度由 − 150 + 106 μm 降低

至 −74 +38 μm，混合矿矿浆表观黏度由 153 mPa·s 大幅度降低至 138 mPa·s，主要是白云母细度的降低使白云母片层结构遭到破坏，进而导致其形成的网状结构强度下降，颗粒间内摩擦效应减弱，表观黏度随之降低。而随着白云母细度的进一步降低，由于其在溶液中形成的网状结构趋于稳定，颗粒间内摩擦效应不再发生明显的变化，因此混合矿矿浆表观黏度在其细度由 − 74 + 38 μm 降低至 −23 μm 时仅下降了 1 mPa·s，变化幅度较小。

结合图 4.1(b) 分析得出结论，在加入较粗粒级白云母后，辉钼矿浮选矿浆表观黏度较大，加强了泡沫稳定性，但由于白云母自身可浮性较差，在疏水体系下不易上浮[78]，而且颗粒粒度粗，不利于泡沫夹带，最终导致辉钼矿浮选品位和回收率均有所提高。但在白云母粒度变细后，泡沫夹带现象较严重。白云母细度越细，泡沫夹带越严重，因此辉钼矿精矿钼品位随着白云母细度的变细而下降。

4.2.1.2 石英的影响

石英含量和细度对混合矿矿浆表观黏度的影响如图 4.6 所示。从图 4.6 可以看出，对于加入细粒石英的混合矿矿浆，它在混合矿中含量及细度的改变均未造成混合矿矿浆表观黏度的显著变化，混合矿矿浆表观黏度一直保持在 134 mPa·s 左右。这与图 4.2 的辉钼矿浮选试验结果相一致。石英本身结构中只存在 Si—O 键，当受到外力破碎时，Si—O 键的断裂会使得矿物表面暴露出大量的 Si^{4+} 和 O^{2-}。因而石英破碎断面的极化程度较高，亲水性强，在矿浆中易于分散，对加入捕收剂后的疏水体系浮选影响不大[79]。所以石英对辉钼矿浮选指标及矿浆表观黏度都无法产生显著影响。

4.2.1.3 绿泥石的影响

绿泥石含量和细度对混合矿矿浆表观黏度的影响如图 4.7 所示。从图 4.7 可以看出，对于加入细粒绿泥石的混合矿矿浆，它在混合矿中含量及细度的改变并未造成混合矿矿浆表观黏度的显著变化，混合矿矿浆表观黏度一直保持在 134 mPa·s 左右，和加入细粒石英后混合矿矿浆的表观黏度值相差无几，说明在经过流变仪的预搅拌后，绿泥石与石英在矿浆中形成的网状结构相似，产生的颗粒内摩擦效应相近。

但绿泥石由于为层状结构，在破碎时一般在层间发生断裂，断裂后矿物表面

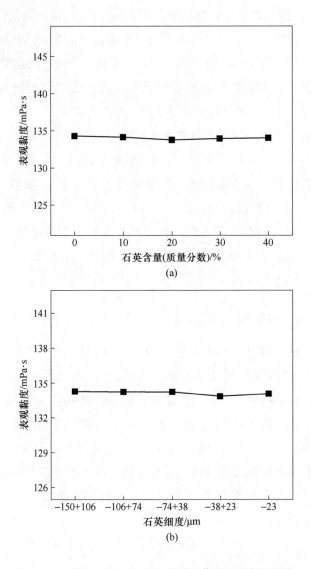

图 4.6 石英含量和细度对混合矿矿浆表观黏度的影响

(a) 石英含量；(b) 石英细度

主要存在 Al—O 键和金属离子，而金属离子进入层间会与上下两个硅氧四面体的尖氧成键，氢氧镁石层破裂，有部分的 Mg^{2+} 被 Al^{3+} 所替代，产生了一个带正电的 $[Mg_3Al(OH)^-]^+$ 层，使绿泥石矿物表面具有交错带电的碎面[80]，因此绿泥石会以矿泥罩盖的方式吸附在辉钼矿表面，影响捕收剂在辉钼矿表面的吸附，同时绿泥石也会随辉钼矿一起上浮进入精矿中，最终影响辉钼矿的浮选指标[81]，

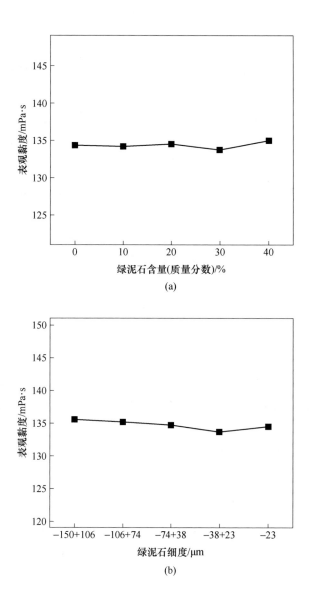

图 4.7 绿泥石含量和细度对混合矿矿浆表观黏度的影响

(a) 绿泥石含量; (b) 绿泥石细度

造成辉钼矿精矿钼品位和回收率的同时下降。而绿泥石细度越细，其表面张力越大，越容易在较粗粒级辉钼矿表面形成矿泥罩盖，进一步恶化辉钼矿的浮选指标。绿泥石对混合矿表观黏度没有产生太大影响，可能是流变仪的强搅拌作用减弱了矿泥罩盖而造成的[82]。

4.2.1.4   钾长石的影响

钾长石含量和细度对混合矿矿浆表观黏度的影响如图 4.8 所示。从图 4.8(a) 可以看出，对于加入细粒钾长石的混合矿矿浆，随着细粒钾长石含量由 0 增加到 40%，混合矿矿浆表观黏度逐渐降低，由 134 mPa·s 下降到了 129 mPa·s，降低明显，说明在细粒钾长石替代一部分石英后，混合矿矿浆颗粒间分散程度增加了，钾长石可能对混合矿矿浆有一定的分散作用。

结合图 4.4(a) 综合分析可知，钾长石的增加降低了矿浆黏度，在一定程度上分散了浮选矿浆，使更多的辉钼矿颗粒暴露出来，增加了捕收剂对辉钼矿的吸附，提高了辉钼矿的回收率，但同时由于矿浆黏度的降低，浮选泡沫稳定性随之降低，导致泡沫运输能力下降，二次富集作用发挥并不明显，因此，辉钼矿品位变化不显著[83]。

从图 4.8(b) 可以看出，当加入的钾长石细度由 −150 +106 μm 降低至 −38 +23 μm 时，由于矿浆中钾长石颗粒数增多，表面电位排斥作用加强[84]，混合矿颗粒间分散程度增加，混合矿矿浆表观黏度由 135 mPa·s 逐渐降低至 129 mPa·s；而当其细度降低至 −23 μm 时，由于其粒度的进一步变细，钾长石颗粒表面张力显著增加，钾长石与钾长石，钾长石与石英及钾长石与辉钼矿颗粒间范德华力增强，因此混合矿矿浆表观黏度又有所增加。而对于石英和绿泥石，混合矿矿浆表观黏度仍维持在 134 mPa·s 左右，它们细度的改变基本对混合矿矿浆表观黏度无太大影响。

结合图 4.4(b) 综合分析可知，钾长石粒度在 23 μm 前随着其粒度变细，它对混合矿矿浆的分散作用增强，提高了辉钼矿回收率，而在其粒度达到 23 μm 后，其表面张力显著提高，降低了它对混合矿矿浆的分散作用，使得矿浆表观黏度回升，辉钼矿回收率有所下降。

4.2.1.5   对比分析

通过图 4.5 ~ 图 4.8 可以看出，当细粒含量由 0 增加到 40% 时，白云母使混合矿矿浆表观黏度增加 6 mPa·s；石英与绿泥石影响不显著；钾长石使混合矿矿浆表观黏度下降 5 mPa·s。当脉石细度由 −150 +106 μm 减小到 −23 μm 时，白云母使混合矿矿浆表观黏度下降 15 mPa·s；石英与绿泥石影响不显著；钾长石使混合矿矿浆表观黏度下降 6 mPa·s。对比分析 4 种脉石矿物对矿浆表观黏度的

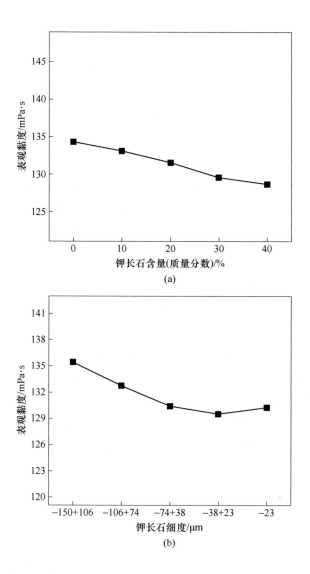

图4.8 钾长石含量和细度对混合矿矿浆表观黏度的影响

(a) 钾长石含量；(b) 钾长石细度

影响，发现白云母的影响最大，钾长石次之，石英与绿泥石基本无影响。

结合第 3 章脉石矿物的易磨程度规律，发现绿泥石虽极易磨细，但细度改变对矿浆表观黏度的影响不大；石英易磨程度不低但对矿浆黏度影响不大；钾长石易磨且细度的减小对矿浆表观黏度影响较大；而白云母虽不易磨，但细度变化对矿浆表观黏度影响最为显著。

4.2.2 脉石矿物表面电性分析

　　矿物在不同的 pH 值下表现出不同的表面电位，是由于矿物颗粒在水中的溶解、吸附、电离行为显著影响了矿物表面的定位离子，进而影响了矿物的表面电位。矿物的表面电位在一定程度上会影响浮选矿浆的聚集程度[85]。对石英来说，在测量的 pH 值范围内，石英表面通过吸附与电离行为，发生了大量羟基化过程，形成了稳定的带有负电的表面；对绿泥石来说，它属于层状硅酸盐矿物，表面带电主要是其内部结构中的类质同象取代导致表面带有负电荷；对钾长石来说，当矿物受到外力作用发生破碎时，晶体也会随之破裂，导致部分硅氧键或铝氧键断开，与石英类似发生了羟基化过程，表面显负电。在钾长石结构中存在 $[AlO_4]$ 单元体，当 Al^{3+} 取代 Si^{4+} 时，两者价态差导致电荷不平衡而带负电，这时便会吸引碱金属离子 K^+、Na^+ 与钾长石中的氧原子结合形成氧化钾和氧化钠，但二者离子键能较低，很不稳定，在水溶液中容易解离出 K^+、Na^+，使得矿物表面再次达到带负电的一种不平衡状态，所以钾长石电位低于石英电位[86]。

　　不同 pH 值条件下，白云母、石英、绿泥石和钾长石的表面电位如图 4.9 所示。从图 4.9 中可以看出，4 种矿物的表面电位随着 pH 值的升高均有一定程度的降低，且在中性条件下均为负电荷，并且钾长石表面的负电性要大于其他几种矿物。所以在混合矿中钾长石的加入即钾长石取代部分石英能够增加矿物颗粒间的静电排斥，分散浮选矿浆，减弱混合矿矿浆颗粒间的内摩擦效应，降低矿浆表

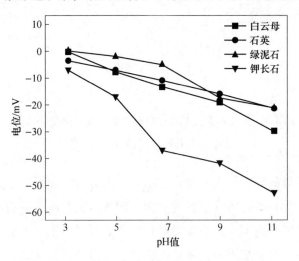

图 4.9　不同脉石矿物的动电位与 pH 值关系

观黏度，提高辉钼矿浮选回收率。石英表面亲水性强，晶体构造简单，对疏水性强的硫化矿浮选影响较小，且其表面电负性较小，矿粒间相互作用较弱，因此对矿浆表观黏度的影响也不大。由于白云母与石英在中性条件下的表面电位相近，在其加入混合矿中后，对混合矿颗粒间的静电排斥效应影响不大，但白云母的自身结构使它能对矿浆流变特性产生较大影响，从而影响了辉钼矿浮选指标。而绿泥石在中性条件下的表面电负性很弱，加入混合矿中，与混合矿中颗粒的静电排斥效应相对较弱，又由于其粒度较细，与混合矿颗粒间的范德华力相对较强，易于与混合矿颗粒形成团聚，影响辉钼矿浮选。

4.2.3 脉石矿物对矿粒聚集程度的影响

浊度能体现出矿物颗粒间分散程度，可由矿浆的理论浊度值与实际浊度值的差别来判断。其中，矿浆的实际浊度值可由浊度仪测出，而理论浊度值为单一矿物的实际浊度值的加权平均和。以 $-74 + 38\ \mu m$ 辉钼矿和脉石矿物组成的混合矿为对象，分析白云母、石英、绿泥石和钾长石细度变化对混合矿矿浆浊度的影响，结果如图 4.10 所示。

由于 $-23\ \mu m$ 的矿物矿浆浊度超出了仪器检测上限，故并未对其进行浊度分析。由图 4.10 可以看出，对于白云母和石英，它们与辉钼矿混合后，混合矿浊度的实际值与理论值相差不大。而白云母的添加会对混合矿矿浆表观黏度和浮选指标产生较大影响，说明白云母并不通过影响矿物颗粒间聚集或分散程度来影响矿浆流变特性，而是由于其本身结构的变化来影响矿浆流变特性[87]，从而对辉钼矿浮选产生影响。但石英对矿浆黏度和浮选均没有产生明显影响，说明石英的存在对混合矿矿浆不会产生太大的影响。对于绿泥石，在绿泥石颗粒粒度为 $-150 + 106\ \mu m$ 时，混合矿的浊度实际值与理论值相差不大，说明粗粒级绿泥石不会和辉钼矿发生团聚现象；而在绿泥石细度为 $-106\ \mu m$ 后，混合矿浊度实际值均低于理论值，且粒度越细，两者差距越大，说明绿泥石在辉钼矿表面发生了"矿泥罩盖"，并且绿泥石粒度越细，"矿泥罩盖"越严重，因此造成了辉钼矿浮选品位和回收率的下降。对于钾长石，混合矿浊度实际值高于理论值，说明钾长石在一定程度上可以起到分散混合矿矿浆的作用，所以造成了混合矿矿浆表观黏度的降低，而一般来说，矿物颗粒在矿浆中分散性越好，对浮选越有利，因此在浮选试验中钾长石的加入提高了辉钼矿回收率。

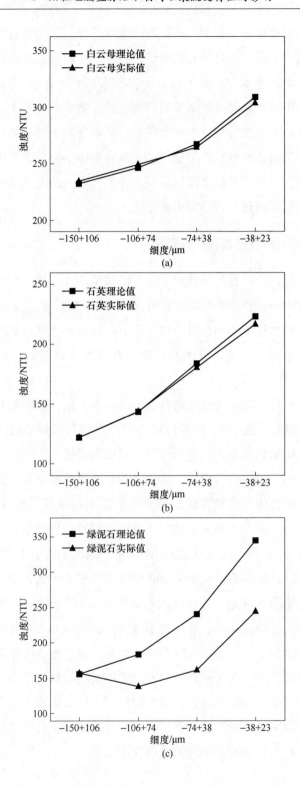

(a)

(b)

(c)

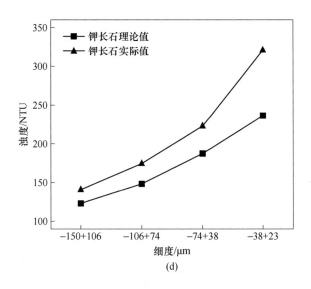

图 4.10 白云母、石英、绿泥石和钾长石细度对混合矿浊度的影响
(a) 白云母；(b) 石英；(c) 绿泥石；(d) 钾长石

4.2.4 DLVO 分析

矿物颗粒间主要有两种相互作用力：一种是在距离小于 2 nm 处的短程作用力，另一种是发生在距离为 5 ~ 10 nm 处的长程作用力。矿物颗粒间的分散凝聚行为主要受长程作用力的影响，包括颗粒在水溶液中的范德华作用力、静电斥力、疏水作用力、空间位阻力等[88]。而范德华作用力及静电斥力是最为普遍存在的。为了能更好地说明颗粒间的分散行为，常常用 DLVO 理论及 EDLVO 理论进行解释。传统的 DLVO 理论认为，分散体系中，颗粒间的相互作用总势能 V_T^D 包括静电作用势能 V_E 和范德华作用势能 V_A，即 $V_T^D = V_E + V_A$。当液相中电解质浓度较低时，DLVO 理论足以很好地解释矿浆中矿物颗粒之间的凝聚、分散行为[89]。

4.2.4.1 范德华作用能

半径分别为 R_1 和 R_2 的两球形颗粒间的范德华作用能为[90]：

$$V_A = \frac{A_{132}}{6H} \frac{R_1 R_2}{R_1 + R_2} \tag{4.1}$$

$$A_{132} \approx (\sqrt{A_{11}} + \sqrt{A_{33}}) (\sqrt{A_{22}} + \sqrt{A_{33}}) \tag{4.2}$$

式中，H 为颗粒间相互作用距离；试验中辉钼矿粒级为 $-74 + 38$ μm，即取 $R_1 = 56$ μm；脉石矿物粒级为 $-38 + 23$ μm，即取 $R_2 = 30$ μm；A_{132} 为物质 1 和 2 在第 3 种介质中的有效 Hamaker 常数；A_{11}、A_{22}、A_{33} 分别为物质 1、2 和 3 在真空中相互作用的 Hamaker 常数。

不同矿物在真空中的 Hamaker 常数见表 4.1，由式（4.2）计算出不同脉石矿物和辉钼矿在去离子水中的有效 Hamaker 常数，得出表 4.2。

表 4.1　矿物在真空中的 Hamaker 常数[75,88,91]

矿物名称	辉钼矿	白云母	石英	绿泥石	钾长石	水
Hamaker 常数/J	9.38×10^{-20}	9.61×10^{-20}	7.38×10^{-20}	18.60×10^{-20}	7.45×10^{-20}	4.00×10^{-20}

表 4.2　不同矿物和辉钼矿在水中的有效 Hamaker 常数

矿物名称	白云母	石英	绿泥石	钾长石
Hamaker 常数/J	2.58×10^{-19}	2.39×10^{-19}	3.20×10^{-19}	2.39×10^{-19}

由式（4.1）得出脉石矿物和辉钼矿在去离子水中的范德华作用能见表 4.3。

表 4.3　不同矿物和辉钼矿在水中的范德华作用能

矿物名称	白云母	石英	绿泥石	钾长石
范德华作用能/J	$-8.41 \times 10^{-25}/H$	$-7.77 \times 10^{-25}/H$	$-10.41 \times 10^{-25}/H$	$-7.80 \times 10^{-25}/H$

4.2.4.2　静电作用能

半径分别为 R_1 和 R_2 的两球形颗粒间的静电作用能为：

$$V_{\mathrm{E}} = \frac{\pi \varepsilon_{\mathrm{a}} R_1 R_2}{R_1 + R_2} (\varphi_1^2 + \varphi_2^2) \left(\frac{2\varphi_1 \varphi_2}{R_1 + R_2} p + q \right) \tag{4.3}$$

$$p = \ln \left[\frac{1 + \exp(-\kappa H)}{1 - \exp(-\kappa H)} \right] \tag{4.4}$$

$$q = \ln[1 - \exp(-2\kappa H)] \tag{4.5}$$

式中，φ_1、φ_2 分别为颗粒 1 和颗粒 2 的表面电位，在浮选体系中通常以 Zeta 电位代替，测得中性条件下，白云母、石英、绿泥石、钾长石和辉钼矿的 Zeta 电位分别为 -14.26 mV、-13.50 mV、-6.85 mV、-38.53 mV 和 -16.72 mV；κ^{-1} 为 Debye 长度，代表双电层厚度，取 $\kappa = 0.104$ nm^{-1}；ε_{a} 为分散介质绝对介电常数。

$$\varepsilon_a = \varepsilon_0 \varepsilon_\gamma \tag{4.6}$$

式中，ε_0 为真空中的绝对介电常数 8.854×10^{-12} C^{-2}·J^{-1}·m^{-1}；ε_γ 为分散介质绝对介电常数，水介质的为 78.5 C^{-2}·J^{-1}·m^{-1}，则通过式（4.6）算出 $\varepsilon_a = 6.95 \times 10^{-10}$ C^{-2}·J^{-1}·m^{-1}。

由式（4.3）得出的脉石矿物和辉钼矿在去离子水中的静电作用能见表4.4。

表4.4　不同矿物和辉钼矿在水中的静电作用能

矿物名称	白云母	石英	绿泥石	钾长石
作用能/J	$2.06 \times 10^{-17} \times$ $(q + 5.54p)$	$1.97 \times 10^{-17} \times$ $(q + 5.25p)$	$1.39 \times 10^{-17} \times$ $(q + 2.66p)$	$7.52 \times 10^{-17} \times$ $(q + 14.98p)$

综合表4.3和表4.4可以计算出去离子水中不同脉石矿物与辉钼矿间的相互作用的DLVO势能，结果如图4.11所示。

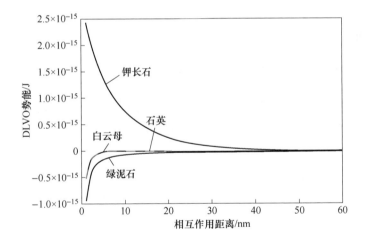

图4.11　不同脉石矿物与辉钼矿作用DLVO势能曲线

从图4.11中可以看出，在长程作用力发生的 5 ~ 10 nm 区间内，白云母和石英与辉钼矿间的DLVO势能趋近于零，说明白云母与石英并不会影响混合矿矿浆的聚集或分散程度；绿泥石与辉钼矿间的DLVO势能小于零，表现为引力，说明绿泥石会吸附在辉钼矿表面，影响辉钼矿浮选；而钾长石与辉钼矿间的DLVO势能大于零，表现为斥力，说明钾长石能够增大混合矿矿浆的分散程度。这与前面试验得出的结论相一致。

5 辉钼矿浮选中无定形
二氧化硅的流变学效应

第 3 章通过 X 射线衍射结合工艺矿物学参数定量分析的方法对典型钼矿中无定形二氧化硅的含量进行了分析，明确了钼矿中存在无定形二氧化硅，且通过常见的钼矿选别工艺，发现大量细粒无定形二氧化硅会改变辉钼矿浮选矿浆性质。因此，本章介绍辉钼矿浮选中无定形二氧化硅对浮选指标的影响，通过对矿浆流变特性、泡沫流变特性等研究，揭示了无定形二氧化硅对辉钼矿浮选指标的影响机制。

5.1 无定形二氧化硅的可浮性

5.1.1 不同捕收剂体系下无定形二氧化硅的可浮性

在矿浆 pH 值为 7，浓度为 30%，2 号油用量为 25 g/t，捕收剂分别为十二胺、十八胺、柴油的条件下进行单矿物浮选试验，研究不同捕收剂对无定形二氧化硅浮选回收率的影响，试验结果如图 5.1 所示。

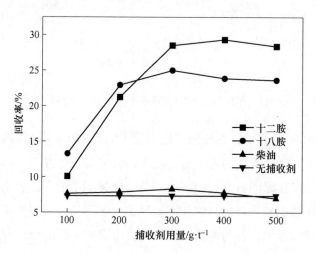

图 5.1 不同捕收剂体系中无定形二氧化硅的回收率

由图 5.1 可知，在矿浆为中性的条件下，十二胺和十八胺可提高无定形二氧化硅单矿物浮选回收率；十二胺用量从 100 g/t 增加至 300 g/t，无定形二氧化硅回收率由 10.08% 提高到了 28.52%，十二胺用量继续增大，回收率基本保持不变。十八胺用量从 100 g/t 增加至 200 g/t，无定形二氧化硅回收率由 13.27% 提高到了 24.99%。十八胺用量继续增大，回收率无明显变化。柴油常作为辉钼矿浮选捕收剂，但对无定形二氧化硅几乎无捕收效果，故浮选过程中，柴油有选择性地捕收辉钼矿，使辉钼矿与无定形二氧化硅有效分离。

5.1.2 不同矿浆 pH 值条件下无定形二氧化硅的可浮性

捕收剂用量为十二胺 300 g/t、十八胺 200 g/t、柴油 100 g/t 及无捕收剂 4 种条件下，研究矿浆 pH 值对无定形二氧化硅单矿物浮选指标的影响，结果如图 5.2 所示。

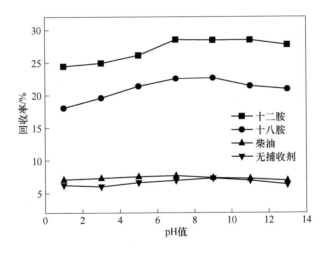

图 5.2　pH 值对无定形二氧化硅回收率的影响

由图 5.2 可知，在酸性条件下，十二胺、十八胺分别作为捕收剂时，无定形二氧化硅的回收率随 pH 值增加而增加，在 pH = 7 时，无定形二氧化硅的回收率分别为 28.52%、22.54%；碱性条件下，十二胺、十八胺对无定形二氧化硅的捕收能力均有所下降；在无捕收剂和柴油体系中，随着 pH 值增加，无定形二氧化硅回收率几乎无变化。

5.2　无定形二氧化硅对辉钼矿浮选的影响

5.2.1　矿浆浓度对辉钼矿浮选指标的影响

在药剂制度不变，矿浆浓度分别为 5%、10%、20%、30%、40%、50%、60% 的条件下进行人工混合矿的浮选试验，研究矿浆浓度对辉钼矿浮选指标的影响，结果如图 5.3 所示。

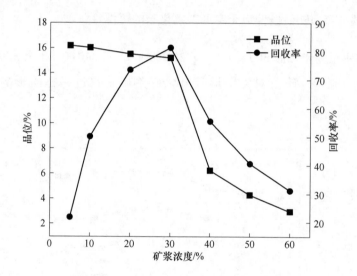

图 5.3　矿浆浓度对辉钼矿浮选指标的影响

由图 5.3 可知，矿浆浓度由 5% 增加至 30%，辉钼矿精矿品位略微下降；矿浆浓度超过 30%，辉钼矿精矿品位显著下降。辉钼矿浮选回收率随矿浆浓度的增加呈先增加后减小的趋势，且在矿浆浓度为 30% 时，辉钼矿浮选回收达到峰值 89.56%。

5.2.2　无定形二氧化硅对辉钼矿浮选指标的影响

在矿浆浓度为 30%，矿浆 pH=7，柴油用量为 100 g/t，2 号油用量为 25 g/t 的条件下，改变人工混合矿中无定形二氧化硅的含量，研究无定形二氧化硅含量对辉钼矿浮选指标的影响，结果如图 5.4 所示。

由图 5.4 可知，无定形二氧化硅含量对辉钼矿浮选指标影响显著。无定形二

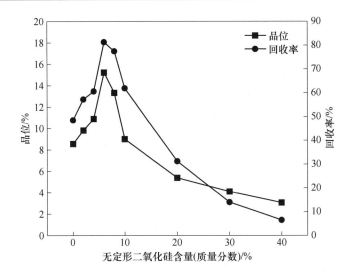

图 5.4 无定形二氧化硅含量对辉钼矿浮选指标的影响

氧化硅含量（质量分数）从 0 增至 6%，辉钼矿浮选回收率和品位均增加；无定形二氧化硅含量（质量分数）为 6% 时，回收率和品位均达到峰值，分别为 15.23%、81.33%。该含量（质量分数）超过 6% 时，回收率和品位下降。

5.2.3 无定形二氧化硅对辉钼矿浮选动力学的影响

在矿浆浓度为 30% 时，考察无定形二氧化硅对辉钼矿浮选动力学的影响，本节在实验室分批浮选试验的基础上，根据浮选动力学基本原理，分析无定形二氧化硅含量对辉钼矿浮选动力学特性的影响，建立适宜模拟该条件浮选过程的动力学数学模型，研究无定形二氧化硅含量对浮选动力学参数的影响规律。

运用经典一级动力学模型对各试验条件下辉钼矿在浮选时间分别为 0.5 min、1 min、1.5 min、2 min、2.5 min、3 min 时的累积回收率进行拟合，分析结果见表 5.1 和图 5.5，且对于各试验条件，经典一级动力学模型拟合精度较高，拟合的相关系数值 R^2 均在 0.99 以上。

表 5.1 无定形二氧化硅含量对辉钼矿的浮选速率常数 k、最大回收率 ε_∞ 的影响

无定形二氧化硅含量（质量分数）/%	k	ε_∞/%	R^2/%
0	1.2391 ± 0.0163	48.51	0.9983
2	3.2818 ± 0.0043	57.37	0.9909

无定形二氧化硅含量（质量分数）/%	k	ε_∞/%	R^2/%
4	3.6015 ± 0.1767	60.60	0.9995
6	3.6399 ± 0.0050	81.53	0.9997
8	3.4250 ± 0.0063	77.42	0.9993
10	2.8391 ± 0.0252	61.99	0.9999
20	1.0665 ± 0.0045	31.47	0.9998
30	0.8317 ± 0.0070	14.09	0.9992
40	0.7692 ± 0.0173	6.51	0.9971

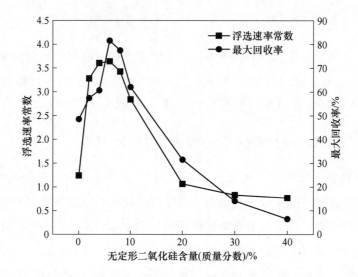

图 5.5   无定形二氧化硅含量对辉钼矿浮选速率常数与最大回收率的影响

从表 5.1 和图 5.5 可以看出，随无定形二氧化硅含量的增加，人工混合矿浮选速率常数 k 值和最大浮选回收率 ε_∞ 均呈先增加后减小的趋势。无定形二氧化硅含量（质量分数）为 6% 时，辉钼矿的 k 值和 ε_∞ 最大，说明在该无定形二氧化硅含量条件下，人工混合矿以最大的速率达到最大的回收率。

人工混合矿中无定形二氧化硅含量对浮选效果影响显著，这是由于无定形二氧化硅的存在可改变矿浆流变特性，进而改变与浮选相关的颗粒聚集-分散状态、泡沫的稳定性及均匀性，因此本章将通过对不同无定形二氧化硅含量条件下矿浆的表观黏度、沉降特性、矿浆中絮体的粒径、泡沫层最大高度及泡沫半衰期、气泡尺寸及数量的研究，揭示无定形二氧化硅影响辉钼矿浮选的机制。

5.2.4　无定形二氧化硅对夹带脉石回收率的影响

经典夹带理论认为夹带脉石回收率是水回收率与脉石夹带率的函数，根据 $R_g \approx R_w \times ENT$ 可知，水回收率和脉石夹带率是评估脉石夹带行为的重要指标。本节详细解析了不同无定形二氧化硅含量条件下水回收率与脉石夹带率的变化规律。

辉钼矿浮选过程中，水作为脉石矿物颗粒运动的载体，泡沫层的上层气泡破裂，从而提供脉石颗粒向下运动的原始驱动力，因此水回收率是研究脉石矿物夹带的重要考量参数。图5.6展示了无定形二氧化硅含量对水回收率的影响及脉石夹带率随无定形二氧化硅含量的变化规律。当无定形二氧化硅含量由0增加至6%时，矿浆黏度略微上升，水回收率下降明显，由22.38%降至8.35%；当无定形二氧化硅含量由6%增至40%时，矿浆黏度显著增加，但水回收率略微下降。浮选过程中水回收率变化的本质为：矿浆相中的水进入泡沫层后，又因泡沫破裂回落至矿浆相的复杂过程，与矿浆、泡沫流变特性密切相关。当脉石中无定形二氧化硅含量增加，矿浆黏度、泡沫层高度、气泡数量的改变，导致水回收率在不同黏度区间内表现出不同的变化趋势。脉石夹带率反映了浮选过程中夹带的

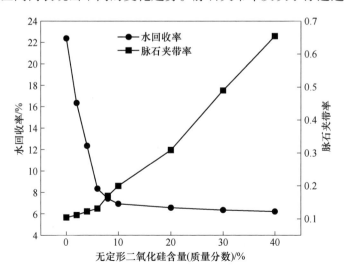

图5.6　无定形二氧化硅含量对浮选水回收率及脉石夹带率的影响

脉石颗粒数相对于水中沉降的脉石矿物颗粒数的比例，是量化脉石夹带程度的重要参数。当无定形二氧化硅含量（质量分数）由 0 增加至 6% 时，脉石夹带率仅增加了 3 个百分点，即浮选过程中夹带的脉石颗粒数略微增多；当无定形二氧化硅含量（质量分数）由 6% 增至 40% 时，脉石夹带率显著增加了 52 个百分点，即浮选过程中夹带的脉石颗粒数显著增多。

5.3　矿浆流变特性

5.3.1　矿浆浓度对矿浆流变特性的影响

由图 5.7 可知，随着矿浆浓度（质量浓度）增加，表观黏度持续增加。矿浆浓度（质量浓度）为 0～30%，矿浆表观黏度小幅增加了 119.2 mPa·s；矿浆浓度（质量浓度）超过 30%，矿浆表观黏度大幅提高；当矿浆浓度（质量浓度）为 60% 时，矿浆表观黏度剧增至 633.2 mPa·s。

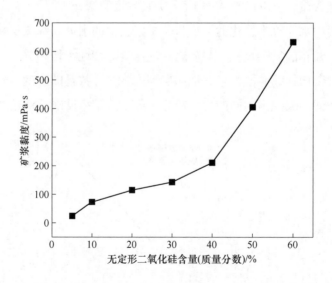

图 5.7　剪切速率为 100 s^{-1} 时矿浆浓度（质量浓度）对表观黏度的影响

5.3.2　无定形二氧化硅对矿浆流变特性的影响

有研究表明，矿浆流变特性与浮选指标密切相关，影响矿浆流变特性的因素有：矿浆浓度、矿物颗粒细度及矿粒间相互作用。为了探寻无定形二氧化硅对辉钼矿矿浆流变特性的影响，对不同无定形二氧化硅含量的辉钼矿矿浆表观黏度进行测量，在此次试验中控制矿浆质量浓度30%和矿粒细度−74+38 μm不变，唯一的变量是无定形二氧化硅含量的改变造成的矿粒间不同的相互作用。

如图5.8所示，无定形二氧化硅含量（质量分数）为0~6%，矿浆表观黏度仅从110.9 mPa·s增加至140.3 mPa·s；无定形二氧化硅含量（质量分数）为6%~40%，矿浆处于高黏度区间，且矿浆表观黏度迅速增加了430 mPa·s，该区间的涨幅是无定形二氧化硅含量（质量分数）为0~6%时矿浆表观黏度涨幅的8~9倍。结果表明，无定形二氧化硅含量与矿浆表观黏度成正比，无定形二氧化硅可改变矿浆流变特性，进而影响浮选指标。

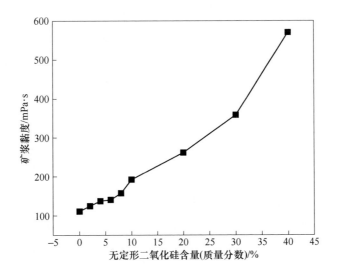

图5.8 无定形二氧化硅含量对矿浆流变特性的影响

5.4 矿浆中颗粒的聚集与分散状态

颗粒间絮团/分散行为，导致矿浆浓度、粒度特性、颗粒间相互作用等发生改变，这些变化都对矿浆的表观黏度产生影响。颗粒间相互作用对矿浆表观黏度影响显著，高岭石、白云母等矿物对矿浆流变特性的影响主要原因是矿物颗粒在矿浆中形成端面-层面和端面-端面结合的三维网状结构的絮体，故矿浆表现出高黏度。

5.4.1　矿浆中颗粒的沉降特性

本节通过沉降试验考察了无定形二氧化硅对辉钼矿矿浆中颗粒的沉降速度及上清液浊度的影响，结果如图 5.9 所示。

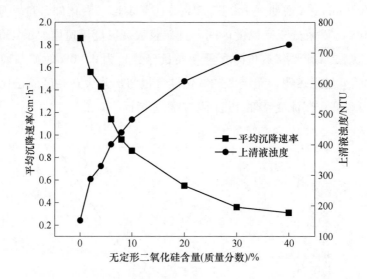

图 5.9　无定形二氧化硅含量对辉钼矿矿浆沉降特性的影响

由图 5.9 可知，无定形二氧化硅显著影响了辉钼矿矿浆中颗粒的沉降特性，无定形二氧化硅含量越高，颗粒沉降速率越低，上清液浊度越高。试验现象说明：无定形二氧化硅含量增大，上清液中悬浮的颗粒数增多即颗粒不易沉降，颗粒间由于某种作用力而形成了一种稳定的结构，这种结构可能是无定形二氧化硅改变辉钼矿矿浆流变特性的主要原因。

5.4.2　无定形二氧化硅絮体的粒径

无定形二氧化硅颗粒表面存在醇硅基团，其相互之间及与其他矿物颗粒之间可以通过氢键链接，形成链状或网状结构。有研究表明，网状结构的絮体显著影响了矿浆表观黏度。为了进一步揭示无定形二氧化硅改变矿浆流变特性的原因，使用 PVM 从宏观角度观察无定形二氧化硅形成的结构体系，使用 FBRM 从数值的角度具体分析该结构体系的尺寸。FBRM 主要利用其拍摄出的辉钼矿浮选矿浆中的多张图片，再利用该系统分析得出的平均加权弦长。图 5.10 为使用 PVM 观察到的不同无定形二氧化硅含量条件下矿浆中颗粒之间的状态。图 5.11 为

FBRM 检测的不同无定形二氧化硅含量条件下矿浆中絮体的平均加权弦长。由于 PVM 拍摄的整个浮选过程中照片数量巨大，不能在本书中全部体现，因此每组试验选择矿浆性质稳定后的图片。

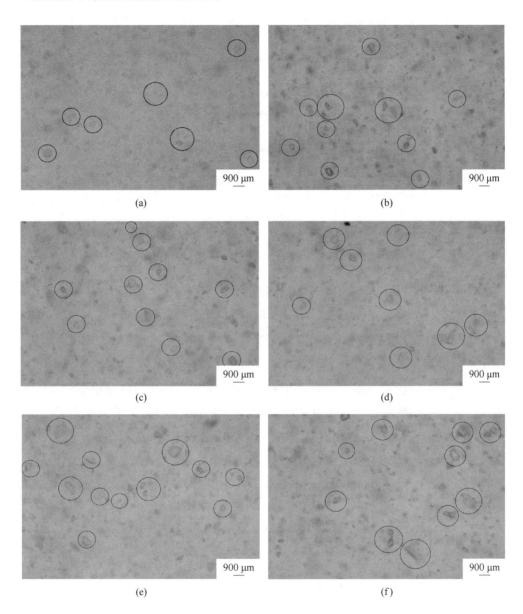

图 5.10　含无定形二氧化硅的辉钼矿矿浆的 PVM 图像

（a）$A\text{-}SiO_2\% = 0$；（b）$A\text{-}SiO_2\% = 6\%$；（c）$A\text{-}SiO_2\% = 10\%$；（d）$A\text{-}SiO_2\% = 20\%$；

（e）$A\text{-}SiO_2\% = 30\%$；（f）$A\text{-}SiO_2\% = 40\%$

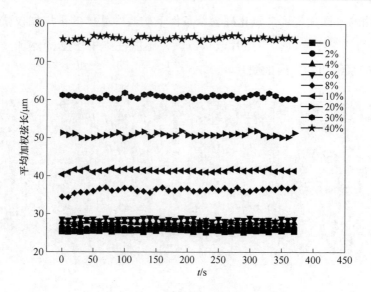

图 5.11   无定形二氧化硅含量（质量分数）对辉钼矿
矿浆中絮体的平均加权弦长的影响

由图 5.10 可知，随无定形二氧化硅含量的增加，絮体投影面积增大，且无定形二氧化硅含量（质量分数）超过 6% 后，观察到的絮体数量明显增多。根据 FBRM 原理可知，测得絮体的弦长对其实际尺寸非常敏感，即弦长的波动可表征待测矿浆中絮体尺寸变化，且弦长与絮体特征粒径呈正相关。由图 5.11 可知，无定形二氧化硅含量与絮体的平均加权弦长呈正相关，即与絮体的特征粒径呈正相关。无定形二氧化硅含量由 0 增至 6%，絮体平均加权弦长增加了 2.97 μm；无定形二氧化硅含量（质量分数）超过 6%，随该含量增加，絮体平均弦长迅速增加，且增幅明显提高。结果表明，无定形二氧化硅是通过在辉钼矿矿浆中形成三维网状絮体，这种网状结构增加了矿浆运动的阻力，因此增大了矿浆表观黏度。

5.5   泡沫流变特性

5.5.1   泡沫层最大高度与泡沫半衰期

矿浆表观黏度影响与目的矿物回收、泡沫流变特性密切相关。三相泡沫最上层富含黏着最牢固、上浮力最大、品位最高的疏水矿物，而沿泡沫层高度往下，上浮力减小，品位逐步减低，最终形成可浮矿物沿泡沫层高度富集，泡沫层上层气泡破裂，疏水矿物仍可吸附在下层气泡上，亲水矿物由于自身重力作用，落回矿浆中，故泡沫层越高，刮泡速度越慢，泡沫产物的质量越高，反之亦然，泡沫层较低，疏水矿物不易重新附着在下层气泡上，二次富集作用降低。Ekmelci 等人的研究结果表明，提高泡沫层高度，可提高泡沫排出脉石矿物的效率，减少脉石矿物的夹带。本节研究了不同矿浆表观黏度条件下，辉钼矿矿浆体系中三相泡沫的泡沫层高度，分析无定形二氧化硅影响辉钼矿浮选指标的机制，结果如图 5.12 所示。

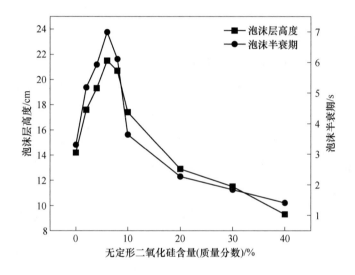

图 5.12　含无定形二氧化硅的辉钼矿浮选泡沫半衰期和泡沫层高度

由图 5.12 可知，无定形二氧化硅显著影响了辉钼矿浮选泡沫层最大高度和泡沫半衰期。无定形二氧化硅含量（质量分数）由 0 增加至 6%，泡沫层最大高度增加了 7.3 cm，半衰期增加了 3.68 s；无定形二氧化硅含量（质量分数）为 6%时，泡沫层最大高度达到峰值 21.5 cm；该含量（质量分数）超过 6%，泡沫层最大高度和泡沫半衰期显著降低。结果表明，无定形二氧化硅含量（质量分数）为 0~6%，使泡沫层高度上升，泡沫排出脉石矿物的效率增加，且亲水矿物自泡沫上层下落仍可吸附在下层气泡表面，因此辉钼矿浮选精矿品位增加；无定形二氧化硅含量（质量分数）超过 6%，泡沫层高度降低，泡沫排出脉石矿物的效率降低，疏水矿物不易再次吸附在下层泡沫表面，且泡沫层高度较低，刮泡时容易将矿浆带出，使精矿品位降低。

5.5.2　泡沫平均尺寸与数量

气泡在矿浆上浮至泡沫层的过程中因所受压力、浮力、阻力等作用力不均衡的影响，而使气泡在矿浆中往往呈曲线状上升。气泡尺寸越小，其上升开始阶段所受到的阻力越小，上升速度越大，但随着气泡的上升，小气泡高度矿化，已致其浮力小于或等于重力，则矿化气泡升浮速率降低，即到达泡沫层时间越长，甚至不能浮起，随矿浆流被吸入叶轮区，使矿化气泡遭到破坏。气泡尺寸越大，其所受到的浮力越大，克服上升过程中所受的阻力及不断增大的矿化气泡重力的能力越强，且上升的水平速度越小，垂直速度值越大，到达泡沫层的时间越短。故从气泡速度、上升时间和运动过程分析，过小的气泡不利于浮选。气泡尺寸还与气泡携带的矿物量相关，在气泡上升过程中，与矿物颗粒不断进行碰撞、黏附、脱落等物理过程，由于矿物粒子受重力、紊流等因素影响，部分矿粒下沉，气泡底部黏附的矿物粒子不断增加，有研究表明，单个气泡上升中，直径 4 mm 左右的气泡到达泡沫层时所携带的矿物量最多，气泡过大过小均呈现出携矿量减少的趋势。本节研究了在不同矿浆表观黏度条件下，浮选气泡的平均尺寸和数量，探寻无定形二氧化硅影响泡沫特征，及其影响辉钼矿浮选的规律，结果如图 5.13 所示。

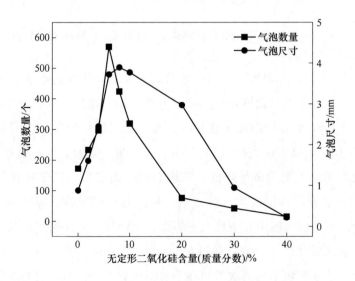

图 5.13　含无定形二氧化硅的辉钼矿浮选泡沫均匀性

由图 5.13 可知，无定形二氧化硅显著影响了气泡平均尺寸和数量。无定形二氧化硅含量（质量分数）由 0 增加至 6%，气泡尺寸和数量分别增加了 3.019 mm、398 个；在该含量（质量分数）为 6% 时，气泡尺寸和数量达到峰值分别为 3.89 mm、570 个；该含量（质量分数）超过 6% 后，气泡尺寸和数量显著下降。由结果可知，无定形二氧化硅含量（质量分数）在 0~6% 的区间内，气泡尺寸增加，气泡所受到的浮力越大，越快上浮至泡沫层，气泡数量增加，且单个气泡携带的矿物量增加，因此回收率增加；无定形二氧化硅含量（质量分数）超过 6%，气泡尺寸减小，气泡所受到的浮力减小，克服其上浮过程中矿化导致重力增大的能力降低，上浮至泡沫层的时间增加，甚至因重力过大而无法上浮，气泡数量降低，且单个气泡携带的矿物量降低，因此回收率降低。

6 辉钼矿浮选指标的流变学
调控改善措施

通过第 4 章和第 5 章的研究发现，细粒脉石矿物之所以会对矿物浮选产生较大影响，是因为细粒脉石矿物能对矿浆流变性或矿粒聚集分散程度产生较为显著的影响。基于此，针对细粒硅酸盐脉石矿物的流变学效应，本章主要研究了六偏磷酸钠、聚氧化乙烯、搅拌强度和超声预处理这 4 种实际矿调控方法对实际矿浮选指标的影响，并结合流变学检测等分析手段，分析其造成影响的主要原因；针对辉钼矿浮选中无定形二氧化硅的流变学效应，研究了分散剂、搅拌及超声预处理等方式对实际矿浮选指标的影响，并通过表观黏度测定、Zeta 电位测定、FBRM 检测等方式揭示了三种措施改善辉钼矿浮选指标的机理。

6.1 细粒硅酸盐脉石矿物影响浮选指标的改善措施

6.1.1 条件试验

6.1.1.1 磨矿细度试验

该试验目的在于研究不同磨矿细度条件下，精矿中钼的浮选指标变化趋势，以确定浮选最佳磨矿细度。试验中所用捕收剂为柴油，用量为 100 g/t，起泡剂为 2 号油，用量为 40 g/t，试验结果如图 6.1 所示。

从图 6.1 磨矿细度试验结果可以看出，随着矿浆中 −74 μm 含量的增加，钼精矿品位与回收率均表现出先增大后减小的趋势，当矿浆中 −74 μm 含量（质量分数）达到 60% 后，精矿中钼浮选指标达到最优值。由此，钼矿浮选的最佳磨矿细度定为 60%（−74 μm 含量（质量分数））。由图 3.2 可知，在此磨矿细度时，38 μm 以下的矿物占总矿物的 30%，其中 −23 μm 矿物含量（质量分数）超过了 10%，细粒矿物含量较高，需要对矿物浮选进行调控，以达到更优的浮选效果。

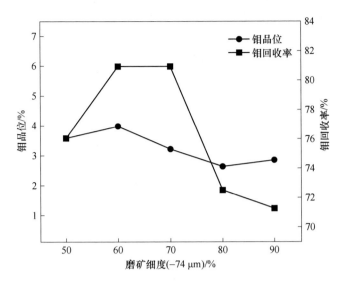

图 6.1 磨矿细度试验

6.1.1.2 捕收剂用量试验

捕收剂是影响浮选指标的关键因素,因此在磨矿细度为 −74 μm 含量(质量分数)占 60%,起泡剂用量为 40 g/t 的条件下,进行了捕收剂用量试验。试验结果如图 6.2 所示。

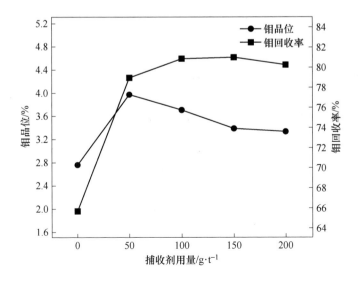

图 6.2 捕收剂用量试验

由图 6.2 捕收剂用量试验结果可知，浮选中钼精矿的回收率随着柴油用量的增加，逐渐上升，当捕收剂用量达到 100 g/t 以后，精矿中钼的回收率达到最大值，在 81% 左右。因此，确定捕收剂的最佳用量为 100 g/t。

6.1.1.3　起泡剂用量试验

浮选气泡是将目的矿物从矿浆中选别出来的重要载体，浮选气泡的稳定性及大小直接影响最终的浮选指标，而起泡剂在一定程度上能够决定浮选气泡的性质。因此，为了获得良好的浮选指标，进行了起泡剂 2 号油的用量试验，试验结果如图 6.3 所示。

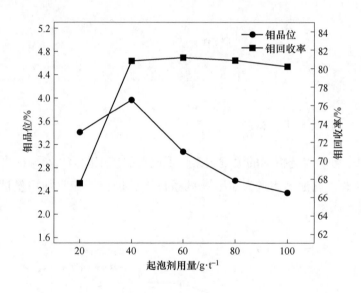

图 6.3　起泡剂用量试验

由图 6.3 起泡剂用量试验结果可知，浮选中钼精矿的回收率随着起泡剂用量的增加逐渐上升，当起泡剂用量达到 40 g/t 以后，精矿中钼的回收率趋于平稳，在 81% 左右。综合浮选指标和生产成本，起泡剂的最佳用量为 40 g/t。后续浮选试验中，磨矿细度、捕收剂用量和起泡剂用量均采用最佳值。

6.1.2　调控措施对辉钼矿浮选指标的影响

6.1.2.1　六偏磷酸钠用量试验

六偏磷酸钠用量对钼矿浮选中钼品位和回收率的影响如图 6.4 所示。从

图 6.4 中可以看出，随着六偏磷酸钠用量由 0 g/t 增加至 200 g/t 时，精矿中钼品位从 3.99% 增大到了 4.44%；辉钼矿的浮选回收率由 81% 提高到了 87%，当六偏磷酸钠用量进一步增加时，钼精矿品位和回收率都呈现出下降的趋势，在六偏磷酸钠用量增大到 400 g/t 时，钼品位为 3.75%，回收率为 79%，相较于 200 g/t 时分别下降了 0.69 个百分点和 8 个百分点。这种现象与六偏磷酸钠对浮选矿浆的分散作用有关。

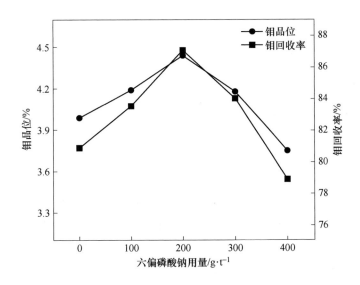

图 6.4　钼品位和钼回收率随六偏磷酸钠用量的变化图

6.1.2.2　聚氧化乙烯用量试验

聚氧化乙烯用量对钼矿浮选中钼品位和回收率的影响如图 6.5 所示。从图 6.5 中可以看出，随着聚氧化乙烯用量的增加，钼精矿品位呈现出下降的趋势。当聚氧化乙烯用量轻微增加，即由 0 g/t 增加到 15 g/t 时，钼精矿品位略有下降，但降低幅度不大，而当聚氧化乙烯用量由 15 g/t 增加到 30 g/t，钼精矿品位由原本的 3.67% 下降到 3.19%，下降明显，并且随着聚氧化乙烯用量的进一步增加，钼精矿品位持续下降。关于辉钼矿的浮选回收率，在聚氧化乙烯用量由 0 g/t 增加至 30 g/t 时，钼回收率由 81% 提高到了 86%，而在聚氧化乙烯用量达到 60 g/t 时，钼精矿回收率显著下降。

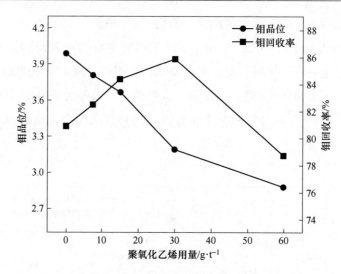

图 6.5　钼品位和钼回收率随聚氧化乙烯用量的变化图

6.1.2.3　搅拌强度试验

搅拌强度对钼矿浮选中钼品位和回收率的影响如图 6.6 所示。从图 6.6 中可以看出，随着搅拌强度的增加，精矿中钼品位表现出下降的趋势，当搅拌强度由 1700 r/min 提高到 2300 r/min 时，钼品位由 3.99% 变化到 3.11%，下降 0.88 个百分点。而浮选回收率由 81% 提高到 89%，当搅拌强度再进一步增加时，辉钼矿钼回收率略有下降。

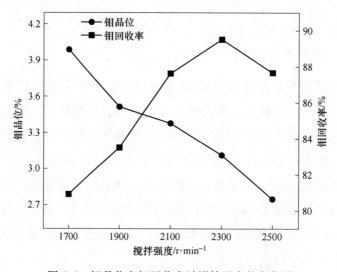

图 6.6　钼品位和钼回收率随搅拌强度的变化图

6.1.2.4 超声预处理试验

超声预处理时间对钼矿浮选中钼品位和回收率的影响如图 6.7 所示。从图 6.7 中可以看出，随着超声预处理时间的增加，精矿中钼品位表现出先增大后减小的趋势，当超声预处理时间由 0 min 增加到 2 min，钼精矿品位增加 0.17 个百分点，在超声预处理时间增长至 20 min 后，精矿钼品位较未超声预处理时下降 0.90 个百分点。而辉钼矿的浮选回收率也表现出相同的变化情况，在超声预处理时间由 0 min 增加至 2 min 时，精矿钼回收率由 81% 提高到 84%，当超声预处理时间进一步增加时，辉钼矿回收率呈现出下降的趋势，在超声预处理时间增大到 20 min 时，钼回收率为 70%，相较于未超声预处理时下降 10 个百分点。

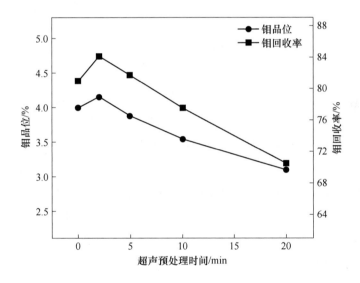

图 6.7 钼品位和钼回收率随超声预处理时间的变化图

6.1.3 调控措施对辉钼矿浮选矿浆流变特性的影响

6.1.3.1 六偏磷酸钠对流变特性的影响

A 表观黏度试验

本节研究了六偏磷酸钠用量对实际矿矿浆表观黏度的影响，试验结果如图 6.8 所示，随着六偏磷酸钠用量由 0 g/t 增加到 200 g/t，实际矿矿浆表观黏度呈现出下降的趋势，而当六偏磷酸钠用量进一步加大之后，实际矿矿浆表观黏度变化并不显著。

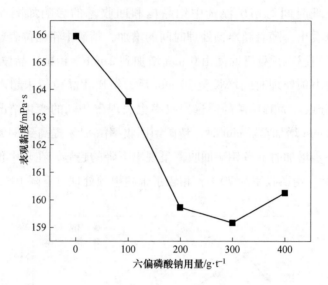

图 6.8　六偏磷酸钠用量对实际矿矿浆表观黏度的影响

　　结合图 6.4 的六偏磷酸钠用量试验钼矿浮选结果可知，当六偏磷酸钠用量由 0 g/t 增加到 200 g/t 时，矿浆表观黏度下降，浮选泡沫稳定性降低，气泡滞留时间变短，提高了矿物浮选的二次富集效应，使得精矿品位和回收率增加。当六偏磷酸钠用量由 200 g/t 增加到 400 g/t 时，矿浆表观黏度无明显变化，说明此时浮选变化与表观黏度关系不大，可能是六偏磷酸钠用量过大，导致矿物颗粒分散程度较高，细粒辉钼矿回收变得困难，因此在此阶段的浮选钼精矿品位和回收率下降了。

　　B　影响分析

　　本节以稀盐酸和氢氧化钠为 pH 调整剂，测定了中性条件下六偏磷酸钠添加前后白云母、石英、绿泥石、钾长石和辉钼矿表面电位的变化，结果见表 6.1。从表 6.1 可以看出，随着六偏磷酸钠用量的添加，白云母的表面电位由 −14.26 mV 降低至 −27.36 mV，石英由 −13.50 mV 下降到 −38.97 mV，绿泥石从 −6.85 mV 下降到 −18.13 mV，钾长石由 −38.53 mV 降低至 −63.22 mV，辉钼矿从 −16.72 mV 下降到 −24.15 mV。整体上，白云母、石英、绿泥石及钾长石表面电位分别下降了 13.10 mV、25.47 mV、11.28 mV、24.69 mV；辉钼矿表面电位降低了 7.43 mV。它们表面电位降低量的不同是六偏磷酸钠在不同矿物表面的吸附强度不同引起的。在六偏磷酸钠加入量比较低时，其在水中解离出的磷酸根离子会吸附在矿物颗粒表面，增大了矿物颗粒表面的 Zeta 电位，进而增强了矿物颗粒间的相互排斥，分散了矿物颗粒，降低了矿浆表观黏度，促进了辉钼矿的回收。而当加入的六偏磷酸钠过量后，过量的离子会压缩双电层[92]，使得矿物颗粒间的相互作用复杂化，实际矿矿浆表观黏度不再出现明显的变化，甚至略有上升，辉钼矿分选效果下降。

表 6.1　六偏磷酸钠对不同矿物在中性条件下的电位影响　　　　　（mV）

矿物名称	白云母	石英	绿泥石	钾长石	辉钼矿
加药前	-14.26	-13.50	-6.85	-38.53	-16.72
加药后	-27.36	-38.97	-18.13	-63.22	-24.15

不同六偏磷酸钠用量下实际矿矿浆浊度的变化结果如图 6.9 所示。

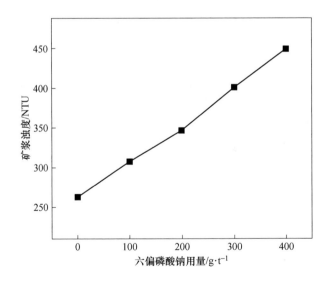

图 6.9　六偏磷酸钠用量对实际矿矿浆浊度的影响

由图 6.9 可以看出，随着六偏磷酸钠用量的增加，实际矿矿浆浊度表现出增大的趋势。当六偏磷酸钠用量由 0 g/t 增加到 400 g/t 时，矿浆浊度从 262.6 NTU 增大到 449.1 NTU，说明六偏磷酸钠逐渐在脉石矿物及目的矿物表面吸附，增大了矿物彼此之间的排斥效应，使得矿浆分散程度增大。结合浮选试验及矿浆表观黏度测试的结果，表面矿浆的适当分散能让部分被脉石包裹的辉钼矿暴露出来，使捕收剂能够完成吸附，提高钼精矿品位和回收率。当六偏磷酸钠用量过高时，矿浆分散程度的进一步增强，会使得原本可以通过附着于粗粒而被回收的细粒级辉钼矿无法被回收，对矿物浮选产生不利影响，因此在六偏磷酸钠用量超过200 g/t后，钼精矿品位和回收率下降。

6.1.3.2　聚氧化乙烯对流变特性的影响

A　表观黏度试验

图 6.10 为聚氧化乙烯用量对钼矿矿浆表观黏度的影响图像。由图 6.10 可知，随着聚氧化乙烯用量的增加，钼矿矿浆表观黏度逐渐增大，当聚氧化乙烯用量由 0 g/t 增加到 30 g/t，钼矿矿浆表观黏度从初始的 166 mPa·s 增加到 183 mPa·s，增加显著。再当聚氧化乙烯用量由 30 g/t 增加到 60 g/t，钼矿矿浆表观黏度虽然也是呈现出增加的趋势，但增加幅度不大。

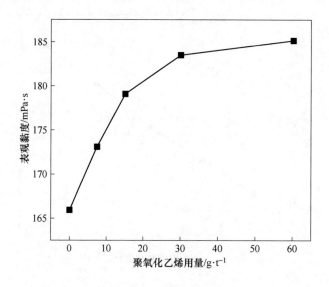

图 6.10　聚氧化乙烯用量对矿浆表观黏度的影响

结合图 6.5 的絮凝剂浮选试验结果可以看出，在聚氧化乙烯用量低于 30 g/t 时，精矿钼回收率增加十分显著；而在聚氧化乙烯用量超过 30 g/t 后，钼精矿回收率增长变缓，甚至下降。矿浆流变特性的变化与浮选结果相一致。

说明矿浆表观黏度上升，浮选泡沫稳定性提高，会导致矿物颗粒动能减小，泡沫负载能力增强，矿物回收率提高，但这样会加大脉石矿物的夹带，造成精矿品位的下降。

B　影响分析

图 6.11 表示不同浓度的聚氧化乙烯溶液表面张力测定结果。聚氧化乙烯为表面活性剂，其在溶液中溶解存在临界胶束浓度。临界胶束浓度即表面活性剂分子在溶剂中缔合形成胶束的最低浓度，超过临界胶束浓度，溶液表面张力将不再降低。如图 6.11 所示，测得的蒸馏水的表面张力为 73.6 mN/m，加入 7.5 g/t 聚氧化乙烯后，溶液表面张力急剧下降到 67.7 mN/m，在测试的聚氧化乙烯浓度范围内，溶液表面张力从 73.6 mN/m 逐步下降到 62.8 mN/m，且在浓度大于 30 g/t后，随着聚氧化乙烯浓度的进一步增加，溶液的表面张力基本保持不变，趋于稳定，说明分子量为 300 万的聚氧化乙烯的临界胶束浓度在 30 g/t 左右，溶液的表面张力为 63.0 mN/m。当聚氧化乙烯添加量未达到其临界胶束浓度，随着聚氧化乙烯用量的增加，其在水中能更快地铺展开，与矿物颗粒产生反应，吸附于矿物颗粒表面，增大矿物颗粒间的相互作用，促进矿物颗粒间的聚团[93]。因此此时的矿浆表观黏度增长幅度较高，增加迅速。而在聚氧化乙烯添加量超过其临界胶束浓度后，聚氧化乙烯在溶液中的平面铺展面积已经达到最大，聚氧化乙烯用量

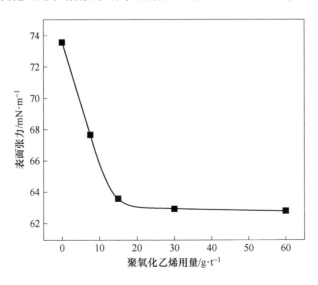

图 6.11　聚氧化乙烯用量对溶液表面张力的影响

再增加，它与矿物颗粒的作用时间已没有以往迅速，并且在矿物表面的吸附也接近饱和，因此矿浆表观黏度的增加幅度下降了。而且在一定情况下，表面张力的大小能够反映出药剂的表面活性，表面张力越低，表面活性越强[94-95]。溶液表面张力随聚氧化乙烯浓度的变化与聚氧化乙烯对钼矿浮选影响及矿浆流变特性影响相对应，在规律上表现出一致性。

不同浓度聚氧化乙烯处理后细粒辉钼矿的接触角变化结果如图 6.12 所示。

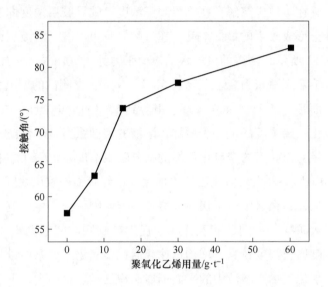

图 6.12　聚氧化乙烯用量对细粒辉钼矿接触角的影响

由图 6.12 可知，辉钼矿颗粒表面吸附不同浓度的聚氧化乙烯后，接触角从 57° 增大到约 83°，聚氧化乙烯在一定程度上强化了辉钼矿颗粒表面的疏水性。颗粒与气泡的黏附过程可分为三个子过程：颗粒与气泡间液膜薄化至临界破裂厚度、液膜破裂形成三相接触线、三相接触线扩展形成稳定的润湿周边，完成黏附过程所需要的时间称为诱导时间或感应时间，根据 EDLVO 理论，疏水矿物颗粒与气泡之间的相互作用力包括范德华力、双电层作用力和疏水引力，聚氧化乙烯能够增大辉钼矿颗粒表面的疏水性，因此辉钼矿颗粒或絮团与气泡间的疏水引力增大，会加快气泡和颗粒之间液膜的排液速度，缩短液膜破裂的时间，从而减少辉钼矿颗粒或絮团与气泡之间的诱导时间，促进辉钼矿颗粒或絮团的矿化[96]。因此，聚氧化乙烯增强辉钼矿颗粒表面的疏水性，有利于提高细粒辉钼矿的浮选回收率。

6.1.3.3　搅拌强度对流变特性的影响

A　表观黏度试验

图 6.13 为搅拌强度对钼矿浮选矿浆表观黏度的影响。由图 6.13 可知，随着搅拌强度的增加，钼矿矿浆表观黏度逐渐增大，当搅拌强度由 1700 r/min 增加到 2500 r/min，实际矿矿浆表观黏度从 64 mPa·s 增加到 99 mPa·s，表现为一直增大。

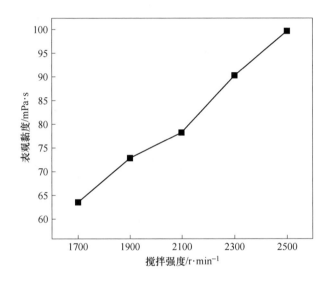

图 6.13　搅拌强度对矿浆表观黏度的影响

结合图 6.6 的搅拌强度浮选试验结果，可以看出，在搅拌强度从 1700 r/min 增大到 2300 r/min 的过程中，无论是精矿钼回收率还是钼矿矿浆表观黏度，都表现出迅速增加的趋势，而在搅拌强度由 2300 r/min 增大到 2500 r/min 时，虽然矿浆表观黏度仍明显增加，但钼精矿回收率下降。说明矿浆表观黏度上升，虽然能增强泡沫负载能力，提高矿物回收率，但黏度过高后，矿物颗粒动能会急剧下降，不利于浮选回收。

B　影响分析

本节研究了不同搅拌强度条件下钼矿矿浆在沉降相同时间后，矿浆上清液浊度值的变化，结果如图 6.14 所示。由图 6.14 可以看出，随着搅拌强度的增大，矿浆浊度值不断减小，但提升幅度不断减缓，同搅拌强度对矿浆表观黏度的影响结果相一致。说明搅拌强度的提高能够在一定程度上影响矿浆内部矿物颗粒间形成的絮团结构，使矿物颗粒絮团更牢固，增大矿浆表观黏度，强化矿物浮选。并且已有研究表明，强湍流环境有利于细粒矿物与气泡碰撞[97]。因此，搅拌强度的增加提高了矿物颗粒与浮选气泡的碰撞概率，但这种提高并不具有选择性，所以导致浮选精矿钼品位下降，而回收率上升。

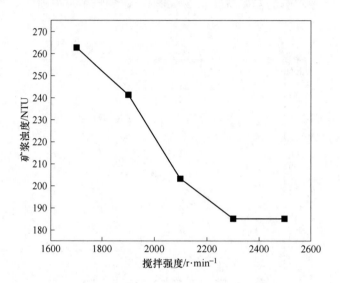

图 6.14　搅拌强度对实际矿矿浆浊度的影响

6.1.3.4　超声预处理对流变特性的影响

A　表观黏度试验

图 6.15 为超声预处理时间对实际矿矿浆表观黏度的影响结果。由图 6.15 可知，随着超声预处理时间的增加，实际矿矿浆表观黏度逐渐降低，当超声预处理时间由 0 min 增加到 20 min，钼矿矿浆表观黏度从 166 mPa·s 减小到 146 mPa·s，下降幅度显著。结合图 6.7 超声预处理试验结果可知，矿浆表观黏度的适当下降，能够提高矿物浮选的二次富集效应，使精矿品位和回收率提高，但矿浆表观黏度的进一步降低，会导致矿物颗粒动能增大，泡沫负载能力减弱，不利于矿物回收。因此随着超声预处理时间的增加，浮选精矿钼品位和回收率都表现出先增后减的趋势。

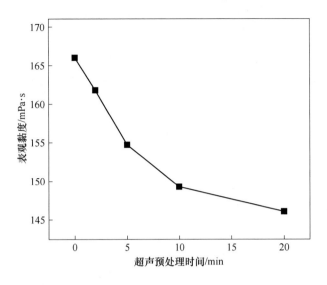

图 6.15 超声预处理时间对实际矿矿浆表观黏度的影响

B 影响分析

在进行超声预处理时，超声波在矿浆中传播，由于耗散作用，矿浆吸收超声波能量，加剧了矿物颗粒分子的振动，增加了分子链的能量，同时增强了分子链的活动性，从而减弱了分子链之间的相互作用，降低了对流动产生的黏性阻力，单个分子链的运动自由度和运动能量增加，使超声作用下矿浆结构发生了改变，表现为矿浆黏度的降低。而能量的持续吸收可能会使矿物颗粒的裂纹增加，粒度减小，使得矿浆表观黏度的下降幅度减缓[98]。

表 6.2 为 240 W 功率下超声预处理时间分别为 0 min、2 min、10 min 时，实际矿颗粒的激光粒度分析结果。从表 6.2 可以看出，在超声预处理时间为 2 min 时，矿物颗粒的粒度虽有减小，但不显著；在超声预处理时间达到 10 min 后，超声波对矿物颗粒的破碎作用明显，钼矿粒度下降显著。

表 6.2 不同超声预处理时间钼矿石的粒度变化

超声预处理时间/min	0	2	10
$D_{50}/\mu m$	57	54	42

结合图 6.7 和图 6.11 超声预处理对矿物浮选指标和矿浆表观黏度的影响试

验结果可知，在超声预处理时间为 2 min 时，超声预处理主要起到的是对矿物颗粒表面氧化层的清洗，使得辉钼矿更多新鲜表面的暴露，增强了捕收剂对于辉钼矿的捕收作用，因此钼精矿品位与回收率均有所提高。而在超声预处理时间超过 10 min 后，超声预处理主要起到的作用就是对矿物颗粒的破碎，矿物整体细度偏离了最佳磨矿细度，且此时矿浆表观黏度值下降较大，泡沫稳定性变差，不利于矿物回收，因此钼精矿品位和回收率下降。

　　为了更直观地了解超声波对辉钼矿的影响，采用扫描电镜对在超声功率为 240 W，超声预处理 0 min、2 min、10 min 后的辉钼矿进行了 SEM 检测。试验结果如图 6.16 所示。由图 6.16 可知，辉钼矿超声处理 2 min 后表面粗糙物质较未超声时有明显减少，表面氧化层被清除，10 min 后辉钼矿表面形貌发生明显改变，颗粒明显细化，有部分辉钼矿微细粒附着在表面，超声波对辉钼矿表面发生了氧化侵蚀作用[99]。有研究表明，辉钼矿的可浮性取决于其面棱比，面棱比越大，辉钼矿可

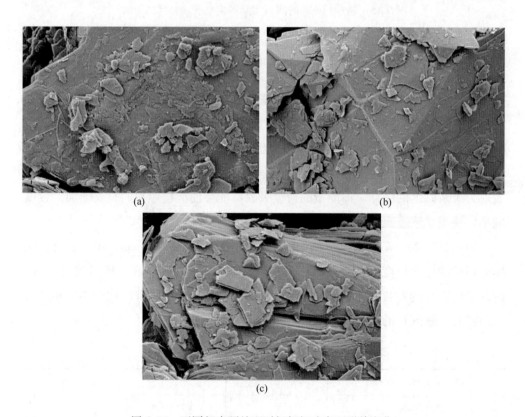

(a)　　(b)

(c)

图 6.16　不同超声预处理时间辉钼矿表面形貌变化

（a）未超声；（b）超声预处理 2 min；（c）超声预处理 10 min

浮性越强。辉钼矿被粉碎时，粗粒辉钼矿沿解理面断裂，面棱比大；而细粒辉钼矿粒度除沿解理面断裂外，还会沿断裂面破碎，导致辉钼矿露出更多的棱，面棱比减小，进而降低辉钼矿可浮性[100]。并且，辉钼矿粒度减小会导致更多活泼亲水的Mo—S共价键暴露，导致辉钼矿亲水性增强[101]。因此超声预处理时间超过10 min 后，浮选精矿指标恶化严重。由此可以得出，在超声预处理时间不长时，超声波对钼矿表面起到了清洁作用，去除了部分辉钼矿表面的氧化层，此时捕收剂与辉钼矿表面的反应增强，精矿浮选指标提高。而在超声预处理时间过长后，超声波的破碎和侵蚀作用会恶化辉钼矿的浮选，导致精矿浮选指标下降。

6.2　无定形二氧化硅影响辉钼矿浮选指标的改善措施

6.2.1　分散剂的使用及其效能

分散剂主要增强了颗粒间的排斥作用。以下是增强颗粒间排斥能的 3 种主要方式：增大颗粒表面电位的绝对值以提高颗粒间的静电排斥作用；通过高分子分散剂在颗粒表面形成的吸附层，产生并强化空间位阻效应，使颗粒产生强位阻排斥力；增强颗粒表面亲水性，以提高界面水的结构化，加大水化膜的强度及厚度，使颗粒间的溶剂（水）化排斥作用显著提高。近年来研究表明，六偏磷酸钠、硅酸钠、碳酸钠等分散剂可有效降低颗粒间的团聚现象，从而改善和强化矿物浮选。

本节使用六偏磷酸钠、硅酸钠、碳酸钠，改善了无定形二氧化硅的辉钼矿浮选效果；并通过药剂作用前后单矿物浮选指标、矿浆表观黏度和矿物表面电位的差异，分析了分散剂的作用机理。

6.2.1.1　分散剂对辉钼矿浮选指标的影响

对含无定形二氧化硅的辉钼矿进行浮选试验，本节的试验矿浆浓度为30%，选用柴油用量为 10 g/t，2 号油用量 25 g/t，选择 $(NaPO_3)_6$、Na_2CO_3、$Na_2O \cdot nSiO_2$ 研究分散剂对含有无定形二氧化硅的辉钼矿浮选行为的影响，结果如图 6.17 和图 6.18 所示。

由图 6.17 和图 6.18 可以看出，六偏磷酸钠的加入，使辉钼矿浮选回收率和品位分别平均提高了 4.84 个百分点、8.99 个百分点。碳酸钠的加入，使辉钼矿

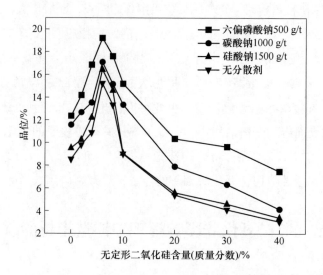

图 6.17   分散剂对辉钼矿浮选精矿品位的影响

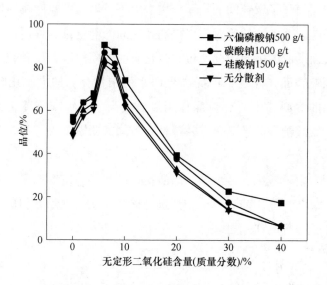

图 6.18   分散剂对辉钼矿浮选回收率的影响

浮选回收率和品位分别平均提高了 2.49 个百分点、4.74 个百分点。硅酸钠的加入，使辉钼矿浮选回收率和品位分别平均提高了 0.71 个百分点、1.74 个百分点。结果表明：与不加分散剂相比，3 种药剂的使用，在高矿浆表观黏度条件下，均提高了辉钼矿浮选回收率和精矿品位，且在无定形二氧化硅含量较高时，效果显著。3 种分散剂作用效果顺序为：$(NaPO_3)_6 > Na_2CO_3 > Na_2O \cdot nSiO_2$。

6.2.1.2 分散剂体系下单矿物的浮选行为

试验选用捕收剂（柴油）用量为 100 g/t，起泡剂（2 号油）用量 25 g/t，使用六偏磷酸钠、碳酸钠、硅酸钠作为分散剂，探究分散剂用量对辉钼矿、石英、无定形二氧化硅浮选行为的影响，浮选试验结果如图 6.19 ~ 图 6.21 所示。

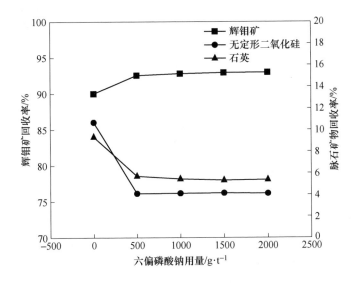

图 6.19 六偏磷酸钠对辉钼矿、无定形二氧化硅、石英单矿物浮选行为的影响

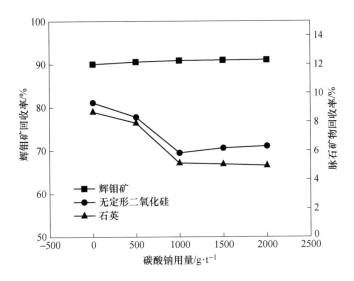

图 6.20 碳酸钠对辉钼矿、无定形二氧化硅、石英单矿物浮选行为的影响

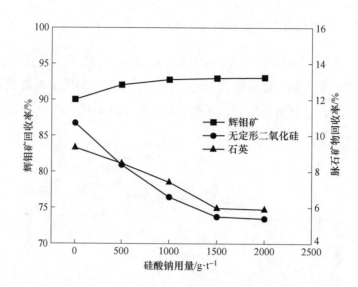

图 6.21　硅酸钠对辉钼矿、无定形二氧化硅、石英单矿物浮选行为的影响

由图 6.19 ~ 图 6.21 可知，3 种分散剂使用后，辉钼矿都保持着较好的可浮性，较加入分散剂前，六偏磷酸钠使辉钼矿单矿物回收率增加了 2.94 个百分点，硅酸钠使辉钼矿回收率增加了 3.03 个百分点，较加入碳酸钠前 90.02% 的辉钼矿回收率无明显变化；无定形二氧化硅与二氧化硅的可浮性下降，较加入六偏磷酸钠前的回收率（见图 6.19）下降了 6.59 个百分点、4.01 个百分点，较加入碳酸钠前的回收率（见图 6.20）下降了 5.75 个百分点、3.48 个百分点，较加入硅酸钠前 10.69%、9.33% 的回收率（见图 6.21）下降了 5.32 个百分点、3.44 个百分点。

6.2.1.3　分散剂对矿浆流变特性的影响

为了进一步研究不同分散剂改善含无定形二氧化硅的辉钼矿浮选指标的机理，在六偏磷酸钠、碳酸钠、硅酸钠作用下，测量矿浆在剪切速率为 $100 \ s^{-1}$ 时的表观黏度，结果如图 6.22 所示。

从图 6.22 可知，无定形二氧化硅含量（质量分数）为 0 ~ 6%，即低黏度区间，矿浆表观黏度在分散剂使用前后无明显变化，这是由于脉石矿物主要为石英，且其对矿浆表观黏度影响甚微，但分散剂与石英和无定形二氧化硅作用，降低了辉钼矿表面的矿泥罩盖，使得辉钼矿颗粒与捕收剂更好地作用，故分散剂的

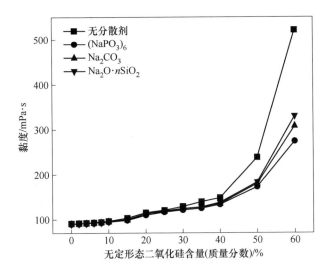

图 6.22 分散剂对人工混合矿矿浆表观黏度的影响

使用在低黏度区间内提高了品位和回收率;无定形二氧化硅含量(质量分数)为 6%~40%,即高黏度区间,分散剂使矿浆表观黏度降低,提高了浮选指标。

6.2.1.4 分散剂对矿物表面 Zeta 电位的影响

Zeta 电位又称电动电位或电动电势(ζ - 电位或 ζ - 电势),是指剪切的电位,是连续相与附着在分散粒子上的流体稳定层之间的电势差。Zeta 电位可以通过电动现象直接测定。Zeta 电位是表征胶体分散系稳定性的重要指标,是对颗粒之间相互排斥或吸引力的强度的度量。本节主要考察了分散剂对辉钼矿、无定形二氧化硅、石英表面动电位的影响,从而解释矿浆流变特性的改变。试验选用 HCl 和 NaOH 调节矿浆的 pH 值,不同 pH 值条件下不同分散剂作用前后辉钼矿、无定形二氧化硅、石英表面 Zeta 电位的变化如图 6.23~图 6.25 所示。

由辉钼矿表面 Zeta 电位测试结果图 6.23 可知,在不加入分散剂的条件下,辉钼矿在 pH 值范围内不存在零电点,且 Zeta 电位均为负值。3 种分散剂的使用,辉钼矿表面 Zeta 电位负值略微增大。六偏磷酸钠在 pH = 12 时,增大辉钼矿 Zeta 电位负值效果最佳,向负移动了 3.43 mV;碳酸钠在 pH = 12 时,增大辉钼矿 Zeta 电位负值效果最佳,负值增大了 2.19 mV;硅酸钠在 pH = 8 时,增大辉钼矿 Zeta 电位负值效果最佳,负值增大了 1.46 mV。整体来看,分散剂对辉钼矿分散程度:六偏磷酸钠 > 碳酸钠 > 硅酸钠。Zeta 电位越大,矿物颗粒之间静电斥力越

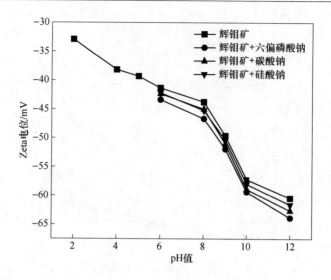

图 6.23　六偏磷酸钠、碳酸钠、硅酸钠作用前后辉钼矿的 Zeta 电位

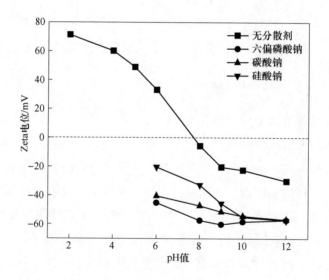

图 6.24　六偏磷酸钠、碳酸钠、硅酸钠作用前后无定形二氧化硅的 Zeta 电位

强，辉钼矿颗粒更不易团聚，柴油在辉钼矿吸附的表面积越大，因此辉钼矿的回收率增大。

由无定形二氧化硅表面 Zeta 电位测试结果图 6.24 可知，无分散剂作用时，无定形二氧化硅在 pH = 7 ~ 8 范围内存在零电点。3 种分散剂的使用，在 pH > 6 的范围内，无定形二氧化硅表面 Zeta 电位明显向负移动。在 pH = 6 时，六偏磷

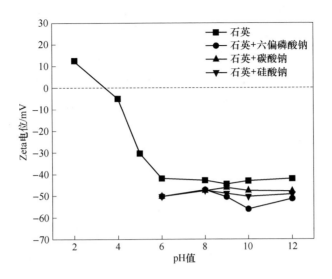

图 6.25 六偏磷酸钠、碳酸钠、硅酸钠作用前后石英的 Zeta 电位

酸钠、碳酸钠、硅酸钠使无定形二氧化硅表面 Zeta 电位分别向负偏移了
78.23 mV、73.52 mV、53.52 mV；整体来看，分散剂对无定形二氧化硅分散程
度：六偏磷酸钠 > 碳酸钠 > 硅酸钠。结果表明：pH 值增大到无定形二氧化硅零
电点之前，分散剂的使用既减弱了同相团聚，也减弱了辉钼矿与无定形二氧化硅
的异相团聚。此时 Zeta 电位越小，辉钼矿与无定形二氧化硅颗粒之间静电引力越
弱，不易发生异相团聚；当 pH 值大于无定形二氧化硅的零电点时，分散剂使无
定形二氧化硅的 Zeta 电位向负值移动，增大矿物颗粒之间的斥力，颗粒团聚减
弱。两阶段均使无定形二氧化硅和辉钼矿颗粒的分散程度增加，柴油在辉钼矿吸
附的相对比表面积增大，故辉钼矿的回收率有所上升。由于静电斥力，无定形二
氧化硅颗粒形成的絮体被破坏，在高黏度区间内，降低了矿浆表观黏度，减少了
脉石矿物夹带，因此提高了精矿品位[102]。

　　由石英表面 Zeta 电位测试结果图 6.25 可知，在不加入分散剂的条件下，石
英在 pH = 2 ~ 3 范围内存在零电点。3 种分散剂的使用，在 pH > 6 的范围内，石
英表面 Zeta 电位向负值增大。在 pH = 10 时，六偏磷酸钠使石英颗粒表面 Zeta 电
位向负偏移了 13.04 mV；在 pH = 6 时，碳酸钠、硅酸钠使石英颗粒表面 Zeta 电
位向负偏移，负值分别增大了 8.39 mV、8.35 mV。整体来看，分散剂对石英分
散程度：六偏磷酸钠 > 碳酸钠 > 硅酸钠。加入分散剂后，石英的 Zeta 电位均向负
值偏移，增强了矿浆中颗粒的分散程度。

综上所述，在含有无定形二氧化硅的辉钼矿浮选过程中，加入六偏磷酸钠、碳酸钠、硅酸钠，均不同程度地提高了精矿品位和回收率。这是由于分散剂的使用，使石英、无定形二氧化硅、辉钼矿的 Zeta 电位向负移动，3 种矿物颗粒之间静电斥力的增大，使矿浆中颗粒分散，不利于矿浆中三维网状絮体的形成，降低了矿浆表观黏度，改善了含有无定形二氧化硅的辉钼矿浮选指标。

6.2.2　搅拌强度及其效果

机械搅拌是浮选中必不可少的环节，搅拌转速和搅拌时间都是辉钼矿浮选动能输入的关键影响因素，搅拌强度水力扰动能通过外加物理力场的方式调控体系能量输入，显著影响颗粒间的聚集/分散行为[76,103-104]。因此选择合适的搅拌强度可影响无定形二氧化硅在矿浆中形成的链状或网状结构，故本节将在不同搅拌强度下进行人工混合矿浮选试验，探寻搅拌强度对含有无定形二氧化硅的辉钼矿浮选指标的影响；通过矿浆流变性试验和 FBRM 检测，分析搅拌强度改善辉钼矿浮选指标的机制。

6.2.2.1　搅拌时间对浮选指标的影响

本节通过在不同搅拌时间下进行浮选试验，研究搅拌时间对辉钼矿浮选指标的影响，试验条件为：捕收剂（柴油）用量为 100 g/t，起泡剂（2 号油）用量为 25 g/t，搅拌转速为 1999 r/min，搅拌时间为 0 min、5 min、10 min、15 min、20 min、25 min，结果如图 6.26 所示。

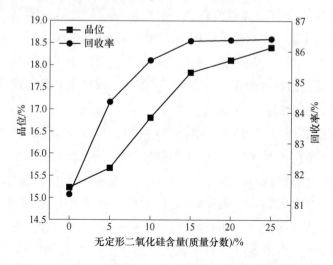

图 6.26　搅拌时间对辉钼矿浮选指标的影响

由图 6.26 可知，随搅拌时间增加，辉钼矿回收率和品位逐渐上升，搅拌时间为 15 min 时，辉钼矿回收率和品位分别增加至 86.34%、17.83%；搅拌时间继续增加，辉钼矿回收率和精矿品位均趋于平稳。说明通过增加搅拌时间可有效提高含无定形二氧化硅的辉钼矿浮选指标。

6.2.2.2 搅拌转速对浮选指标的影响

搅拌转速小于特定的阈值时，微观结构中絮体的尺寸随着搅拌剪切速率升高而降低，而颗粒间相互作用力产生的流变参数与絮团尺寸成正比，因此流体的黏度也随之降低，合理的搅拌转速促进了颗粒的分散。通过 Yoon 公式、Weber 公式可知，惯性碰撞概率与颗粒动能等因素相关，颗粒动能越大，颗粒-气泡碰撞概率越大。本节在相同搅拌时间条件下，改变搅拌转速，考察搅拌转速对含有无定形二氧化硅的辉钼矿浮选指标的影响。本次试验固定搅拌时间为 15 min，捕收剂（柴油）用量为 100 g/t，起泡剂（2 号油）用量为 25 g/t，试验结果如图 6.27 所示。

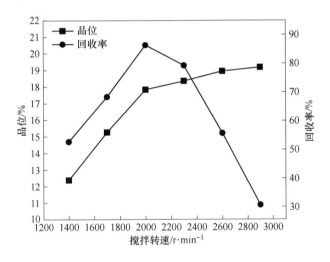

图 6.27 搅拌转速对辉钼矿浮选指标的影响

由图 6.27 可知搅拌转速为 1300～2000 r/min 时，辉钼矿的回收率和品位均随搅拌强度显著增大；搅拌转速为 2000 r/min 时，辉钼矿的回收率和品位分别是 86.34%、17.83%；搅拌转速为 2000～2900 r/min 时，随着搅拌强度的增大，精矿品位小幅增加，但回收率显著下降。结果表明：在搅拌转速过低的情况下，目的矿物颗粒动能较低，与气泡的碰撞概率低，因此浮选回收率较低；在搅拌转速低于阈值时，增加转速，能促进药剂的分散，提高矿物与药剂的碰撞和矿化概率，故目的矿物颗粒回收率增加，因此精矿品位增加；在搅拌转速过高的情况下，破坏了矿化泡沫的稳定性，使目的矿物颗粒脱落，也导致了脉石矿物的夹带率增加，因此回收率和品位降低。

机械搅拌会使矿浆中已形成的絮团产生剪切作用，促进颗粒的分散，故为探寻调节搅拌强度改善辉钼矿浮选的机理，6.2.2.3 节和 6.2.2.4 节将对辉钼矿矿浆的流变特性和矿浆中无定形二氧化硅形成的絮体结构进行介绍。

6.2.2.3　搅拌强度对矿浆流变特性的影响

为探究搅拌时间和搅拌转速的变化对浮选的影响，对不同搅拌时间和搅拌转速下的矿浆表观黏度进行检测，研究各条件下矿浆表观黏度变化情况，结果如图 6.28 ~ 图 6.31 所示。

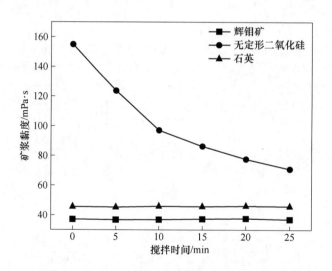

图 6.28　搅拌时间对各单矿物的矿浆表观黏度的影响

首先对各单矿物矿浆表观黏度检测，由图 6.28 可知，在固定剪切速率 $D = 100\ s^{-1}$ 的情况下，辉钼矿和石英的黏度随搅拌时间的增加，无明显变化；无定形二氧化硅的黏度随搅拌时间的增加而下降。由图 6.29 可知，人工混合矿物矿浆的表观黏度随搅拌时间的增加而下降。

由图 6.30 可知，在固定剪切速率 $D = 100\ s^{-1}$ 的情况下，辉钼矿和石英的表

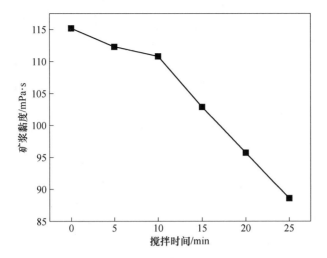

图 6.29 搅拌时间对人工混合矿矿浆表观黏度的影响

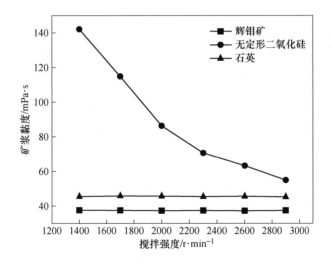

图 6.30 搅拌转速对单矿物矿浆表观黏度的影响

观黏度随搅拌转速的增加，无明显变化；无定形二氧化硅的表观黏度随搅拌转速的增加而下降。由图 6.31 可知由人工混合矿物矿浆的黏度随搅拌转速的增加而下降。

6.2.2.4 搅拌强度对无定形二氧化硅絮体的影响

机械搅拌显著影响颗粒间团聚与分散。本节介绍机械搅拌对无定形二氧化硅

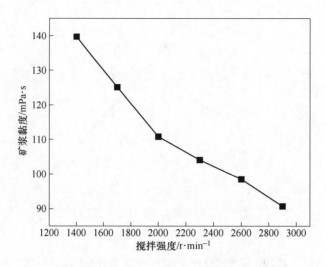

图 6.31 搅拌转速对人工混合矿矿浆表观黏度的影响

颗粒间相互作用的影响。利用聚集光束反射测量仪对不同搅拌时间和搅拌转速下辉钼矿矿浆中絮体的弦长进行测量。不同搅拌时间的絮体弦长如图 6.32 所示，不同搅拌强度时矿浆中絮体的弦长如图 6.33 所示。

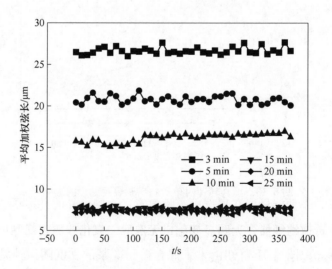

图 6.32 搅拌时间对矿浆中絮体瞬时弦长的影响

由图 6.32 可知，搅拌时间对人工混合矿物的矿浆中絮体的特征粒径影响显著。随着搅拌时间的增加，絮体的特征粒径减小。结果表明选择合适的机械搅拌

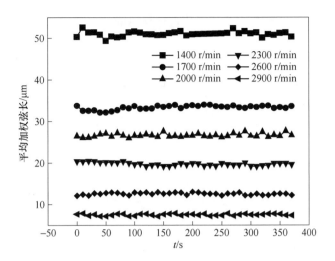

图 6.33 搅拌转速对矿浆中絮体瞬时弦长的影响

时间，可有效地破坏辉钼矿矿浆中无定形二氧化硅絮体，降低矿浆表观黏度，从而提高辉钼矿浮选指标。

由图 6.33 可知，机械搅拌转速可影响人工混合矿物矿浆中絮体的特征粒径。随着搅拌转速的提高，絮体的特征粒径减小。说明搅拌转速低于阈值，搅拌引起的外力剪切作用会破坏无定形二氧化硅絮体，使矿浆表观黏度下降，矿物颗粒运动动能增加，颗粒-气泡碰撞概率增加，在适当范围内有利于辉钼矿浮选指标的提高。机械搅拌转速过高，无定形二氧化硅絮体被破坏程度增大，矿浆表观黏度过低，且矿化气泡稳定性降低，易造成目的矿物的脱落，不利于辉钼矿浮选。

6.2.3 超声预处理方式及其作用

超声波作为一种能量场在浮选中有重要意义。国内外的许多学者都对超声波辅助选矿进行了探索和研究，超声波的机械效应、空化效应、热效应、化学效应等在浮选中对矿物的分散效果和矿物的表面性质有着重要影响，可以直接影响到浮选效果。众多学者研究发现超声处理对矿物浮选有改善效果，可优化浮选指标。本节在不同超声预处理条件下，进行人工混合矿的浮选试验，分析超声预处理对人工混合矿浮选指标的影响，通过矿浆流变特性试验、FBRM 揭示超声预处理改善含有无定形二氧化硅的辉钼矿浮选指标的机制。

6.2.3.1　超声预处理时间对浮选指标的影响

试验选用矿浆浓度为 30%，超声功率为 200 W，超声时长为 0 min、5 min、10 min、15 min、20 min、25 min、30 min、35 min、40 min，将超声处理后的人工混合矿浆进行浮选，捕收剂（柴油）用量为 100 g/t，起泡剂（2 号油）用量为 25 g/t，浮选试验结果如图 6.34 所示。

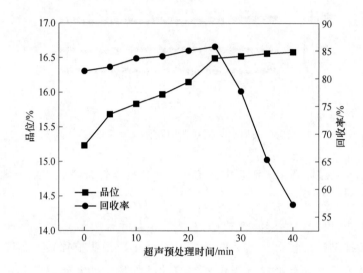

图 6.34　超声预处理时间对辉钼矿浮选指标的影响

由图 6.34 可知，超声预处理时间由 0 min 增至 25 min，提高了含有无定形二氧化硅的辉钼矿浮选回收率和精矿品位，分别增加了 4.41 个百分点、0.74 个百分点；超声预处理时间为 25 min 时，浮选回收率达到峰值 85.74%；超声预处理时间超过 25 min 时，随超时间增加，浮选回收率迅速下降，精矿品位基本不变。

6.2.3.2　超声功率对浮选指标的影响

本节选用浮选矿浆浓度为 30%，超声时长为 25 min，超声功率分别为 80 W、110 W、140 W、170 W、200 W、230 W、260 W、290 W，对超声预处理后的人工混合矿进行浮选，捕收剂（柴油）用量为 100 g/t，起泡剂（2 号油）用量为 25 g/t，浮选结果如图 6.35 所示。

由图 6.35 可知，在 80 ~ 200 W 区间内，随着超声功率的增加，回收率和精矿品位上升；在超声功率为 200 W 时，辉钼矿浮选回收率和品位均达到峰值

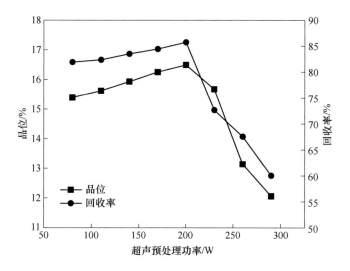

图 6.35 超声功率对浮选指标的影响

85.74%、16.49%；超声功率超过 200 W 时，回收率和品位显著下降。

超声预处理的振动可以引起矿浆内矿粒产生极大的速度与加速度，给矿粒传递极大能量，对矿粒产生包括空化效应、机械效应等一系列特有效应，弱化了颗粒间的相互作用，超声波的空化作用使颗粒分散，同时颗粒悬浮体在超声振动周期性压缩拉伸的作用下，破坏矿浆中团聚结构，使体系达到分散。因此，超声预处理可影响矿浆流变特性和颗粒间的相互作用，改变了浮选指标。

6.2.3.3 超声预处理对矿浆流变特性的影响

为研究超声预处理对辉钼矿浮选的影响机制，对矿浆浓度为 30%、不同超声预处理时间和超声功率条件下，辉钼矿、无定形二氧化硅、石英、人工混合矿矿浆表观黏度进行测量，结果如图 6.36 和图 6.37 所示。

由图 6.36 可知，随着超声预处理时间的增加，辉钼矿和石英单矿物矿浆的表观黏度无明显变化，分别保持在 66 mPa·s 和 74 mPa·s 左右，无定形二氧化硅和人工混合矿的矿浆表观黏度下降。结果表明超声预处理时间作用于人工混合矿中的无定形二氧化硅组分，改变了人工混合矿浆的表观黏度。

由图 6.37 可知，随着超声功率的增加，辉钼矿和石英单矿物的矿浆表观黏度无明显变化；无定形二氧化硅、人工混合矿的矿浆表观黏度随超声功率的增加，均显著降低，在超声功率由 80 W 增至 290 W，无定形二氧化硅、人工混合

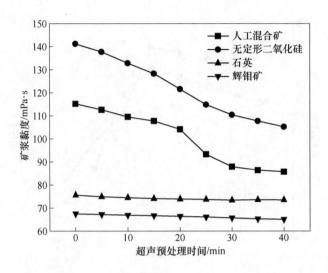

图 6.36　超声预处理时间对矿浆表观黏度的影响

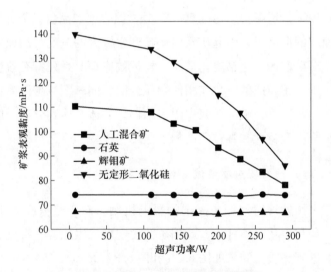

图 6.37　超声功率对矿浆表观黏度的影响

矿的矿浆表观黏度分别下降了 53.8 mPa·s、32.2 mPa·s。有研究表明,超声空化作用对高岭土絮体有很好的破坏作用,絮体粒径和矿浆表观黏度成正比。

6.2.3.4　超声预处理对无定形二氧化硅絮体的影响

将人工混合矿放入烧杯中,加入去离子水 200 mL,矿浆浓度为 30%,在不同超声条件下处理矿浆，FBRM 试验取 150 mL，FBRM 分析仪的搅拌转速调为 170 r/min，相当于浮选试验中的 1999 r/min。加入分析仪中搅拌 1 min，使矿浆中颗粒分布均匀，再对人工混合矿的矿浆中絮体的弦长进行测量，结果如图 6.38 和图 6.39 所示。

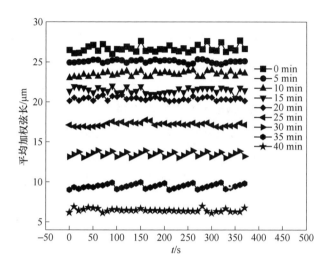

图 6.38　不同超声预处理时间对矿浆中絮体瞬时弦长的影响

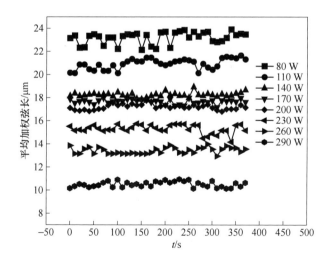

图 6.39　不同超声功率对矿浆中絮体瞬时弦长的影响

由图 6.38 可知，随着超声预处理时间的增加，矿浆中絮体的弦长逐渐减小，即絮体的特征粒径减小。超声时间在 0~25 min 区间内，絮体的平均加权弦长降低了 9.3 μm，在 25 ~ 40 min 区间内，絮体的平均加权弦长降低了 11.7 μm。结果表明，超声预处理时间小于 25 min，絮体平均加权弦长下降幅度较小，超声时间大于 25 min，絮体平均加权弦长迅速减小，其变化趋势及幅度与矿浆黏度一致，由此可知，超声预处理时间增加，因超声空化作用破坏了无定形二氧化硅絮体，使矿浆黏度下降，提高了辉钼矿浮选指标。

由图 6.39 可知，随着超声功率的增加，矿浆中絮体的平均加权弦长减小，即絮体的特征粒径减小。超声功率由 80 W 增加至 200 W，絮体平均弦长减小了 5.2 μm；超声功率由 200 W 增加至 290 W，絮体平均弦长迅速减小了 7.6 μm。结果表明：超声功率通过增加超声空化作用的强度，使矿浆中絮体的特征粒径减小，且减小幅度与矿浆表观黏度下降幅度一致。含有无定形二氧化硅的辉钼矿进行浮选时，选择适当的超声预处理时长和功率，破坏矿浆中无定形二氧化硅颗粒之间及与其他矿物颗粒形成的絮体，降低了矿浆表观黏度，提高了浮选指标。

参 考 文 献

[1] 王修, 刘冲昊, 王安建, 等. 中国钼资源开发利用现状及未来需求预测 [J]. 矿产综合利用, 2023: 1-13.

[2] 周园园, 王京, 唐萍芝, 等. 全球钼资源现状及供需形势分析 [J]. 中国国土资源经济, 2018 (3): 32-37.

[3] 程永彪, 秦学聪. 鹿鸣钼铜多金属矿工艺矿物学研究及其选矿工艺路线分析 [J]. 矿冶, 2017, 26 (2): 88-95.

[4] 李敏. 河南栾川石宝沟矿区辉钼矿矿物学及标型特征研究 [J]. 世界有色金属, 2020 (12): 114-115.

[5] 李琳, 吕宪俊, 栗鹏. 钼矿选矿工艺发展现状 [J]. 中国矿业, 2012, 21 (2): 99-103, 107.

[6] 宋翔宇, 张红涛, 许来福, 等. 铜钼分离工艺研究现状与展望 [J]. 有色金属 (选矿部分), 2022 (6): 92-101, 114.

[7] 宛鹤, 何廷树, 杨剑波, 等. 辉钼矿捕收剂的应用现状和发展趋势 [J]. 矿山机械, 2016, 44 (12): 1-6.

[8] 徐秋生. F 药剂代替煤油选钼实践 [J]. 有色金属 (选矿部分), 2006 (6): 46-47, 45.

[9] 张卫星, 赵冠飞, 郭灵敏, 等. 内蒙古某钼矿石选矿优化试验研究 [J]. 矿山机械, 2022, 50 (11): 42-49.

[10] 袁露. 新型硫化矿捕收剂的合成及其浮选性能研究 [D]. 长沙: 中南大学, 2012.

[11] 宛鹤, 何廷树, 杨剑波, 等. 复合烃油捕收剂改善高钙回水选钼效果的试验研究 [J]. 有色金属工程, 2018, 8 (2): 91-95.

[12] 刘润清, 李杰, 宋鑫, 等. 复合烃油对不同粒级辉钼矿的浮选强化机理及应用 [J]. 中国有色金属学报, 2023 (1): 1-14.

[13] 李琳, 吕宪俊. 辉钼矿捕收剂的研究与应用 [J]. 中国矿业, 2011, 20 (3): 61-64.

[14] 朱一民. 辉钼矿浮选药剂 [J]. 国外金属矿选矿, 1998 (11): 7-11.

[15] 王秋焕, 郑灿辉, 郭红深, 等. 新型铜钼分离抑制剂 MX 在某辉钼矿浮选中的试验研究 [J]. 现代矿业, 2019, 35 (9): 126-129.

[16] 关智文, 杨丙桥, 胡杨甲. 一种新型辉钼矿抑制剂及其在铜钼浮选分离中的机理研究 [J]. 有色金属 (选矿部分), 2022 (5): 171-176.

[17] 焦跃旭, 姚新, 陈鹏, 等. 新型高效辉钼矿抑制剂及其作用机理研究 [J]. 矿冶工程, 2020, 40 (6): 30-33.

[18] 陈文胜, 付君浩, 韩海生, 等. 微细粒矿物分选技术研究进展 [J]. 矿产保护与利用,

2020, 40 (4): 134-145.

[19] YIN W Z, WANG J Z. Effects of particle size and particle interactions on scheelite flotation [J]. Transactions of Nonferrous Metals Society of China, 2014 (11): 3682-3687.

[20] RAHMAN R M, ATA S, JAMESON G J. The effect of flotation variables on the recovery of different particle size fractions in the froth and the pulp [J]. International Journal of Mineral Processing, 2012, 106/109: 70-77.

[21] ANA M V, ANTONIO E C P. The effect of amine type, pH, and size range in the flotation of quartz [J]. Minerals Engineering, 2007, 20 (10): 1008-1013.

[22] XU D, AMETOV I, GRANO S R. Quantifying rheological and fine particle attachment contributions to coarse particle recovery in flotation [J]. Minerals Engineering, 2012, 39: 89-98.

[23] 王丽. 钛辉石对钛铁矿浮选影响研究 [D]. 长沙: 中南大学, 2009.

[24] FENG B, FENG Q M, LU Y P. The effect of lizardite surface characteristics on pyrite flotation [J]. Applied Surface Science: A Journal Devoted to the Properties of Interfaces in Relation to the Synthesis and Behaviour of Materials, 2012, 259: 153-158.

[25] RALSTON J, FORNASIERO D, GRANO S. Reducing uncertainty in mineral flotation-flotation rate constant prediction for particles in an operating plant ore [J]. International Journal of Mineral Processing, 2007, 84 (1/4): 89-98.

[26] XING Y W, XU X H, GUI X H, et al. Effect of kaolinite and montmorillonite on fine coal flotation [J]. Fuel, 2017, 195 (May 1): 284-289.

[27] ZHAO S L, PENG Y J. Effect of electrolytes on the flotation of copper minerals in the presence of clay minerals [J]. Minerals Engineering, 2014, 66/68: 152-156.

[28] ZHAO S L, PENG Y J. The oxidation of copper sulfide minerals during grinding and their interactions with clay particles [J]. Powder Technology: An International Journal on the Science and Technology of Wet and Dry Particulate Systems, 2012, 230: 112-117.

[29] 张明强. 蛇纹石与黄铁矿异相分散的调控机理研究 [D]. 长沙: 中南大学, 2010.

[30] PYKE B, FORNASIERO D, RALSTON J. Bubble particle hetero coagulation under turbulent conditions [J]. Journal of Colloid and Interface Science, 2003, 265: 141-151.

[31] DEGLON D A, SHABALALA N Z P, HARRIS M C. Rheological effects on gas dispersion [C] //Minerals Engineering International Conferences: Proceedings of Flotation 07. Cape Town, South Africa, 2007.

[32] SCHUBERT H. On the optimization of hydrodynamics in fine particle flotation [J]. Minerals Engineering, 2008, 21 (12/14): 930-936.

[33] XU D, AMETOV I, GRANO S R. Detachment of coarse particles from oscillating bubbles—

The effect of particle contact angle, shape and medium viscosity [J]. International Journal of Mineral Processing, 2011, 101 (1/4): 50-57.

[34] CHEN W, CHEN F F, BU X Z, et al. A significant improvement of fine scheelite flotation through rheological control of flotation pulp by using garnet [J]. Minerals Engineering, 2019, 138: 257-266.

[35] CHEN X M, HADDE E, LIU S Q, et al. The effect of amorphous silica on pulp rheology and copper flotation [J]. Minerals Engineering, 2017, 113: 41-46.

[36] MERVE G, KILICKAPLAN, LASKOWSKI. Effect of pulp rheology on flotation of nickel sulphide ore with fibrous gangue particles [J]. Canadian Metallurgical Quarterly, 2012, 51 (4): 368-375.

[37] SUBRAHMANYAM T V, FORSSBERG K S ERIC. Fine particles processing: Shear-flocculation and carrier flotation—A review [J]. Elsevier, 1990, 30 (3/4): 265-286.

[38] FARROKHPAY S. The importance of rheology in mineral flotation: A review [J]. Minerals Engineering, 2012, 36-38: 272-278.

[39] LI C, FARROKHPAY S, SHI F N, et al. A novel approach to measure froth rheology in flotation [J]. Minerals Engineering, 2015, 71: 89-96.

[40] DAVID V B. Rheology and the resource industries [J]. Chemical Engineering Science, 2009, 64 (22): 4525-4536.

[41] BECKER M, YORATH G, NDLOVU B, et al. A rheological investigation of the behaviour of two Southern African platinum ores [J]. Minerals Engineering, 2013, 49: 92-97.

[42] FARROKHPAY S, BRADSHAW D, DUNNE R. Rheological investigation of the flotation performance of a high clay containing gold ore from Carlin trend [C] //World Gold Conference. AusIMM: Australasian Institute of Mining and Metallurgy, 2013.

[43] ZHANG M Q, WANG B, CHEN Y Y. Investigating slime coating in coal flotation using the rheological properties at low $CaCl_2$ concentrations [J]. International Journal of Coal Preparation and Utilization, 2016, 38 (22): 237-249.

[44] WANG L, LI C, PAN L. A brief review of pulp and froth rheology in mineral flotation [J]. Journal of Chemistry, 2020: 1-16.

[45] FARROKHPAY S, NDLOVU B, BRADSHAW D. Behaviour of swelling clays versus non-swelling clays in flotation [J]. Minerals Engineering, 2016, 96/97: 59-66.

[46] ZHANG M, XU N, PENG Y J. The entrainment of kaolinite particles in copper and gold flotation using fresh water and sea water [J]. Powder Technology: An International Journal on the Science and Technology of Wet and Dry Particulate Systems, 2015, 286: 431-437.

[47] 王冉. 黏土泥化抑制对煤泥浮选的影响 [D]. 徐州: 中国矿业大学, 2015.

［48］ NDLOVU B, FORBES E, FARROKHPAY S. A preliminary rheological classification of phyllosilicate group minerals ［J］. Minerals Engineering, 2014, 55: 190-200.

［49］ 夏亮, 杜淑华, 朱国庆, 等. 安徽某含泥难选铜钼矿选矿试验 ［J］. 矿产综合利用, 2019 (3): 44-47.

［50］ 王琛, 刘润清, 孙伟, 等. 高泥氧化锌矿脱泥/不脱泥浮选对矿浆流变性能的影响 ［J］. 矿冶工程, 2018, 38 (5): 44-47, 50.

［51］ 卢建安. 高泥高铁氧化锌矿浮选理论与工艺研究 ［D］. 长沙: 中南大学, 2014.

［52］ CHEN W, CHEN Y, BU X Z, et al. Rheological investigations on the hetero-coagulation between the fine fluorite and quartz under fluorite flotation-related conditions ［J］. Powder Technology: An International Journal on the Science and Technology of Wet and Dry Particulate Systems, 2019, 354: 423-431.

［53］ ZHANG G F, GAO Y W, CHEN W, et al. The role of water glass in the flotation separation of fine fluorite from fine quartz ［J］. Minerals, 2017, 7 (9): 157.

［54］ FARROKHPAY S, ZANIN M. An investigation into the effect of water quality on froth stability ［J］. Advanced Powder Technology, 2012, 23 (4): 493-497.

［55］ CRUZ N, PENG Y J, FRROKHPAY S, et al. Interactions of clay minerals in copper-gold flotation: Part 1—Rheological properties of clay mineral suspensions in the presence of flotation reagents ［J］. Minerals Engineering, 2013, 50/51: 30-37.

［56］ ZHANG M, PENG Y J, XU N. The effect of sea water on copper and gold flotation in the presence of bentonite ［J］. Minerals Engineering, 2015, 77: 93-98.

［57］ OVARLEZ G, COHEN-ADDAD S, KRISHAN K, et al. On the existence of a simple yield stress fluid behavior ［J］. Journal of Non-Newtonian Fluid Mechanics, 2013, 193: 68-79.

［58］ TAO D, LUTTRELL G H. A parametric study of froth stability and its effect on column flotation of fine particles ［J］. International Journal of Mineral Processing, 2000, 59 (1): 25-43.

［59］ LI G S, DENG L J, CAO Y J, et al. Effect of sodium chloride on fine coal flotation and discussion based on froth stability and particle coagulation ［J］. International Journal of Mineral Processing, 2017, 169: 47-52.

［60］ LI C, FARROKHPAY S, RUNGE K, et al. Determining the significance of flotation variables on froth rheology using a central composite rotatable design ［J］. Powder Technology: An International Journal on the Science and Technology of Wet and Dry Particulate Systems, 2016, 287: 216-225.

［61］ ATA S, AHMED N, JAMESON G J. The effect of hydrophobicity on the drainage of gangue minerals in flotation froths ［J］. Minerals Engineering, 2004, 17 (7/8): 897-901.

［62］ FARROKHPAY S, NDLOVU B, BRADSHAW D. Behavior of talc and mica in copper ore flotation［J］. Applied clay science, 2018, 160（Aug.）: 270-275.

［63］ LI C, RUNGE K, SHI F N, et al. Effect of flotation condition on the froth rheology［J］. Powder Technology, 2018: 537-542.

［64］ LI C, RUNGE K, SHI F N, et al. Effect of froth rheology on froth and flotation performance［J］. Minerals Engineering, 2018, 115: 4-12.

［65］ WANG Y H, PENG Y J, NICHOLSON T, et al. The different effects of bentonite and kaolin on copper flotation［J］. Applied Clay Science, 2015, 114: 48-52.

［66］ 胡蝶. 张庄铁矿精确化磨矿试验研究［D］. 赣州: 江西理工大学, 2022.

［67］ 赵宇轩, 王银东. 选矿破碎理论及破碎设备概述［J］. 中国矿业, 2012, 21（11）: 103-105, 109.

［68］ 汤家焰. 高钙云母型钒页岩钒的焙烧——浮选预富集工艺及机理研究［D］. 武汉: 武汉理工大学, 2017.

［69］ 刘岩矗. 共磨白云母和钙镁盐制备钾硅肥及重金属离子固定剂［D］. 武汉: 武汉理工大学, 2020.

［70］ 张明洋. 硫化矿浮选体系中多矿相镁硅酸盐矿物的同步抑制研究［D］. 长沙: 中南大学, 2011.

［71］ 马建青. 金川铜镍矿二矿区矿石物质组成对浮选的影响［J］. 金川科技, 2004（1）: 25-28.

［72］ 宋春振, 李树敏, 冯惠敏, 等. 我国绿泥石资源特征及其工业利用［J］. 中国非金属矿工业导刊, 2009（5）: 57-59.

［73］ 杨升旺. 江西宜春长石选矿试验研究及机理探讨［D］. 昆明: 昆明理工大学, 2021.

［74］ 马鸿文. 工业矿物与岩石［M］. 2 版. 北京: 化学工业出版社, 2005.

［75］ 罗仙平, 张博远, 张燕, 等. 微细粒锂辉石矿浆流变性特征及对浮选的影响［J］. 中国矿业大学学报, 2022, 51（3）: 503-512.

［76］ LI G, DENG L, CAO Y, et al. Effect of sodium chloride on fine coal flotation and discussion based on froth stability and particle coagulation［J］. International Journal of Mineral Processing, 2017, 169（3）: 47-52.

［77］ KIRJAVAINEN V M. Mathematical model for the entrainment of hydrophilic particles in froth flotation［J］. International Journal of Mineral Processing, 1992, 35: 1-11.

［78］ 王宇斌, 雷大士, 张小波, 等. 油酸钠体系下 Fe^{3+} 与白云母的作用机理研究［J］. 硅酸盐通报, 2018, 37（4）: 1435-1440.

［79］ 王东辉, 印万忠, 马英强, 等. 铁矿石浮选过程中矿物的交互影响及机理研究［J］. 有色金属（选矿部分）, 2015, 6: 5.

[80] 张宇平, 黄可龙, 刘素琴. 反浮选法分离粉石英和斜绿泥石及其机理 [J]. 中南大学学报 (自然科学版), 2007 (2): 285-290.

[81] 付亚峰, 印万忠, 姚金, 等. 绿泥石颗粒效应对泡沫稳定性的影响 [J]. 中南大学学报 (自然科学版), 2018, 49 (8): 6.

[82] 李强. 煤表面细泥罩盖的尺度效应研究 [D]. 徐州: 中国矿业大学, 2022.

[83] 高文博, 陆长龙, 肖骏, 等. 某钼尾矿浮选回收钾长石试验研究 [J]. 中国钼业, 2016, 3: 5.

[84] 万鹏, 王中海. 长石-石英浮选分离工艺研究 [J]. 矿业工程, 2008, 6 (2): 32-35.

[85] 李东, 钟河东, 印万忠, 等. 微细粒混合磁选精矿分级-分散浮选试验 [J]. 东北大学学报 (自然科学版), 2021, 42 (12): 1761-1767.

[86] 张宇平. 粉石英制取电子级结晶型硅微粉的研究 [D]. 长沙: 中南大学, 2007.

[87] 王全亮, 赵建湘, 周虎强. 某石英云母片岩的矿物学特征及综合利用分析 [J]. 湖南有色金属, 2022, 38 (3): 20-24.

[88] 邹志磊. 金属离子对微细粒黑钨矿、绿泥石及石英分散凝聚行为的影响 [D]. 赣州: 江西理工大学, 2021.

[89] 付亚峰. 易泥化矿物在浮选过程中的夹带行为及其调控研究 [D]. 沈阳: 东北大学, 2019.

[90] 于跃先, 马力强, 张仲玲, 等. Visual Basic 在浮选体系 EDLVO 理论计算的应用 [J]. 煤炭科学技术, 2013, 41 (S2): 334-335.

[91] 陈立. 辉钼矿浮选体系中的界面相互作用研究 [D]. 长沙: 中南大学, 2007.

[92] 陈启元, 王建立, 李旺兴, 等. 分散剂对氧化铝悬浮液分散稳定性的影响 [J]. 中国粉体技术, 2008, 14 (6): 33-37.

[93] 李树磊. 微细粒辉钼矿选择性絮凝-浮选基础研究 [D]. 徐州: 中国矿业大学, 2018.

[94] 丁明辉, 卢毅屏, 陈宏伟, 等. 二元组合捕收剂浮选分离一水硬铝石与高岭石的机理研究 [J]. 有色金属 (选矿部分), 2019 (2): 103-107.

[95] 于福顺, 邵怀志, 蒋曼, 等. 长石石英浮选分离试验及混合捕收剂作用机理研究 [J]. 矿业研究与开发, 2020, 40 (12): 122-127.

[96] 王超. 类聚絮凝提高微细粒矿物浮选分离效率的基础研究 [D]. 北京: 北京科技大学, 2022.

[97] 万冬冬. 浮选湍流中颗粒气泡碰撞特性的数值研究 [D]. 济南: 山东大学, 2019.

[98] 王志凯, 吕文生, 杨鹏, 等. 超声波对充填料浆流变特性的影响及流变参数预测 [J]. 中国有色金属学报, 2018, 28 (7): 1442-1452.

[99] 彭樱, 李育彪, 王洪铎, 等. 超声波对黄铜矿与辉钼矿可浮性的影响 [J]. 金属矿山, 2020 (2): 24-28.

［100］魏桢伦，李育彪. 辉钼矿晶面各向异性及其对浮选的影响机制［J］. 矿产保护与利用，2018（3）：31-36.

［101］李慧，何廷树，王宇斌，等. 不同粒级辉钼矿的 XRD 和 SEM 及其可浮性差异研究［J］. 光谱学与光谱分析，2018，38（11）：3588-3592.

［102］王磊，李孟乐，邹玉超，等. 黄铜矿浮选体系晶态/无定形二氧化硅的流变特性与夹带行为［J］. 工程科学学报，2023，45（8）：1272-1280.

［103］LIU D，PENG Y J. Understanding different roles of lignosulfonate in dispersing clay minerals in coal flotation using deionised water and saline water［J］. Fuel，2015，142（4）：235-242.

［104］CASTRO S，MIRANDA C，TOLEDO P，et al. Effect of frothers on bubble coalescence and foaming in electrolyte solutions and seawater［J］. International Journal of Mineral Processing，2013，124（2）：8-14.